全国一级建造师执业资格考试历年真题+冲刺试卷

水利水电工程管理与实务
历年真题+冲刺试卷

全国一级建造师执业资格考试历年真题+冲刺试卷编写委员会　编写

中国建筑工业出版社

图书在版编目（CIP）数据

水利水电工程管理与实务历年真题+冲刺试卷／全国一级建造师执业资格考试历年真题+冲刺试卷编写委员会编写. — 北京：中国建筑工业出版社，2023.12
　　全国一级建造师执业资格考试历年真题+冲刺试卷
　　ISBN 978-7-112-29431-2

Ⅰ.①水… Ⅱ.①全… Ⅲ.①水利水电工程-工程管理-资格考试-习题集 Ⅳ.①TV-44

中国国家版本馆 CIP 数据核字（2023）第 238142 号

责任编辑：李　璇
责任校对：芦欣甜
校对整理：张惠雯

全国一级建造师执业资格考试历年真题+冲刺试卷
水利水电工程管理与实务
历年真题+冲刺试卷
全国一级建造师执业资格考试历年真题+冲刺试卷编写委员会　编写

*

中国建筑工业出版社出版、发行（北京海淀三里河路9号）
各地新华书店、建筑书店经销
北京鸿文瀚海文化传媒有限公司制版
北京同文印刷有限责任公司印刷

*

开本：787 毫米×1092 毫米　1/16　印张：10½　字数：245 千字
2023 年 12 月第一版　　2023 年 12 月第一次印刷
定价：40.00 元（含增值服务）
ISBN 978-7-112-29431-2
（42084）

版权所有　翻印必究
如有内容及印装质量问题，请联系本社读者服务中心退换
电话：（010）58337283　QQ：2885381756
（地址：北京海淀三里河路9号中国建筑工业出版社604室　邮政编码：100037）

前　言

《全国一级建造师执业资格考试历年真题+冲刺试卷》丛书是严格按照现行全国一级建造师执业资格考试大纲的要求，根据全国一级建造师执业资格考试用书，在全面锁定考纲与教材变化、准确把握考试新动向的基础上编写而成的。

本套丛书分为八个分册，分别是《建设工程经济历年真题+冲刺试卷》《建设工程项目管理历年真题+冲刺试卷》《建设工程法规及相关知识历年真题+冲刺试卷》《建筑工程管理与实务历年真题+冲刺试卷》《机电工程管理与实务历年真题+冲刺试卷》《市政公用工程管理与实务历年真题+冲刺试卷》《公路工程管理与实务历年真题+冲刺试卷》《水利水电工程管理与实务历年真题+冲刺试卷》，每分册中包含五套历年真题及三套考前冲刺试卷。

本套丛书秉承了"探寻考试命题变化轨迹"的理念，对历年考题赋予专业的讲解，全面指导应试者答题方向，悉心点拨应试者的答题技巧，从而有效突破应试者的固态思维。在习题的编排上，体现了"原创与经典"相结合的原则，着力加强"能力型、开放型、应用型和综合型"试题的开发与研究，注重与知识点所关联的考点、题型、方法的再巩固与再提高，并且题目的难易程度和形式尽量贴近真题。另外，各科目均配有一定数量的最新原创题目，以帮助考生把握最新考试动向。

本套丛书可作为考生导学、导练、导考的优秀辅导材料，能使考生举一反三、融会贯通、查漏补缺，为考生最后冲刺助一臂之力。

由于编写时间仓促，书中难免存在疏漏之处，望广大读者不吝赐教。衷心希望广大读者将建议和意见及时反馈给我们，我们将在以后的工作中予以改正。

读者如果对图书中的内容有疑问或问题，可关注微信公众号【建造师应试与执业】，与图书编辑团队直接交流。

建造师应试与执业

目 录

全国一级建造师执业资格考试答题方法及评分说明

2019—2023 年《水利水电工程管理与实务》真题分值统计

2023 年度全国一级建造师执业资格考试《水利水电工程管理与实务》真题及解析

2022 年度全国一级建造师执业资格考试《水利水电工程管理与实务》真题及解析

2021 年度全国一级建造师执业资格考试《水利水电工程管理与实务》真题及解析

2020 年度全国一级建造师执业资格考试《水利水电工程管理与实务》真题及解析

2019 年度全国一级建造师执业资格考试《水利水电工程管理与实务》真题及解析

《水利水电工程管理与实务》考前冲刺试卷（一）及解析

《水利水电工程管理与实务》考前冲刺试卷（二）及解析

《水利水电工程管理与实务》考前冲刺试卷（三）及解析

全国一级建造师执业资格考试答题方法及评分说明

全国一级建造师执业资格考试设《建设工程经济》《建设工程项目管理》《建设工程法规及相关知识》三个公共必考科目和《专业工程管理与实务》十个专业选考科目（专业科目包括建筑工程、公路工程、铁路工程、民航机场工程、港口与航道工程、水利水电工程、矿业工程、机电工程、市政公用工程和通信与广电工程）。

《建设工程经济》《建设工程项目管理》《建设工程法规及相关知识》三个科目的考试试题为客观题。《专业工程管理与实务》科目的考试试题包括客观题和主观题。

一、客观题答题方法及评分说明

1. 客观题答题方法

客观题题型包括单项选择题和多项选择题。对于单项选择题来说，备选项有 4 个，选对得分，选错不得分也不扣分，建议考生宁可错选，不可不选。对于多项选择题来说，备选项有 5 个，在没有把握的情况下，建议考生宁可少选，不可多选。

在答题时，可采取下列方法：

（1）直接法。这是解常规的客观题所采用的方法，就是考生选择认为一定正确的选项。

（2）排除法。如果正确选项不能直接选出，应首先排除明显不全面、不完整或不正确的选项，正确的选项几乎是直接来自于考试教材或者法律法规，其余的干扰选项要靠命题者自己去设计，考生要尽可能多排除一些干扰选项，这样就可以提高选择出正确答案的概率。

（3）比较法。直接把各备选项加以比较，并分析它们之间的不同点，集中考虑正确答案和错误答案关键所在。仔细考虑各个备选项之间的关系。不要盲目选择那些看起来、读起来很有吸引力的错误选项，要去误求正、去伪存真。

（4）推测法。利用上下文推测词义。有些试题要从句子中的结构及语法知识推测入手，配合考生自己平时积累的常识来判断其义，推测出逻辑的条件和结论，以期将正确的选项准确地选出。

2. 客观题评分说明

客观题部分采用机读评卷，必须使用 2B 铅笔在答题卡上作答，考生在答题时要严格按照要求，在有效区域内作答，超出区域作答无效。每个单项选择题只有 1 个备选项最符合题意，就是 4 选 1。每个多项选择题有 2 个或 2 个以上备选项符合题意，至少有 1 个错项，就是 5 选 2~4，并且错选本题不得分，少选，所选的每个选项得 0.5 分。考生在涂卡时应注意答题卡上的选项是横排还是竖排，不要涂错位置。涂卡应清晰、厚实、完整，保持答题卡干净整洁，涂卡时应完整覆盖且不超出涂卡区域。修改答案时要先用橡皮擦将原涂卡处擦干净，再涂新答案，避免在机读评卷时产生干扰。

二、主观题答题方法及评分说明

1. 主观题答题方法

主观题题型是实务操作和案例分析题。实务操作和案例分析题是通过背景资料阐述一个项目在实施过程中所开展的相应工作，根据这些具体的工作提出若干小问题。

实务操作和案例分析题的提问方式及作答方法如下：

（1）补充内容型。一般应按照教材将背景资料中未给出的内容都回答出来。

（2）判断改错型。首先应在背景资料中找出问题并判断是否正确，然后结合教材、相关规范进行改正。需要注意的是，考生在答题时，有时不能按照工作中的实际做法来回答问题，因为根据实际做法作为答题依据得出的答案和标准答案之间存在很大差距，即使答了很多，得分也很低。

（3）判断分析型。这类型题不仅要求考生答出分析的结果，还需要通过分析背景资料来找出问题的突破口。需要注意的是，考生在答题时要针对问题作答。

（4）图表表达型。结合工程图及相关资料表回答图中构造名称、资料表中缺项内容。需要注意的是，关键词表述要准确，避免画蛇添足。

（5）分析计算型。充分利用相关公式、图表和考点的内容，计算题目要求的数据或结果。最好能写出关键的计算步骤，并注意计算结果是否有保留小数点的要求。

（6）简单论答型。这类型题主要考查考生记忆能力，一般情节简单、内容覆盖面较小。考生在回答这类型题时要直截了当，有什么答什么，不必展开论述。

（7）综合分析型。这类型题比较复杂，内容往往涉及不同的知识点，要求回答的问题较多，难度很大，也是考生容易失分的地方。要求考生具有一定的理论水平和实际经验，对教材知识点要熟练掌握。

2. 主观题评分说明

主观题部分评分是采取网上评分的方法来进行，为了防止出现评卷人的评分宽严度差异对不同考生产生影响，每个评卷人员只评一道题的分数。每份试卷的每道题均由2位评卷人员分别独立评分，如果2人的评分结果相同或很相近（这种情况比例很大）就按2人的平均分为准。如果2人的评分差较大超过4~5分（出现这种情况的概率很小），就由评分专家再独立评分一次，然后用专家所评的分数和与专家评分接近的那个分数的平均分数为准。

主观题部分评分标准一般以准确性、完整性、分析步骤、计算过程、关键问题的判别方法、概念原理的运用等为判别核心。标准一般按要点给分，只要答出要点基本含义一般就会给分，不恰当的错误语句和文字一般不扣分，要点分值最小一般为0.5分。

主观题部分作答时必须使用黑色墨水笔书写作答，不得使用其他颜色的钢笔、铅笔、签字笔和圆珠笔。作答时字迹要工整、版面要清晰。因此书写不能离密封线太近，密封后评卷人不容易看到；书写的字不能太粗太密太乱，最好买支极细笔，字体稍微书写大点、工整点，这样看起来工整、清晰，评卷人也愿意多给分。

主观题部分作答应避免答非所问，因此考生在考试时要答对得分点，答出一个得分点就给分，说得不完全一致，也会给分，多答不会给分的，只会按点给分。不明确用到什么规范的情况就用"强制性条文"或者"有关法规"代替，在回答问题时，只要有可能，就在答题的内容前加上这样一句话："根据有关法规或根据强制性条文"，通常这些是得分点之一。

主观题部分作答应言简意赅，并多使用背景资料中给出的专业术语。考生在考试时应相信第一感觉，很多考生在涂改答案过程中往往把原来对的改成错的，这种情形很多。在确定完全答对时，就不要展开论述，也不要写多余的话，能用尽量少的文字表达出正确的意思就好，这样评卷人看得舒服，考生也能省时间。如果答题时发现错误，不得使用涂改液等修改，应用笔画个框圈起来，打个"×"即可，然后再找一块干净的地方重新书写。

2019—2023 年《水利水电工程管理与实务》真题分值统计

命题点		题型	2019 年（分）	2020 年（分）	2021 年（分）	2022 年（分）	2023 年（分）
1F410000 水利水电工程技术	1F411000 水利水电工程勘测与设计	1F411010 水利水电工程勘测 单项选择题	1	1		1	1
		1F411010 水利水电工程勘测 多项选择题	2		2		
		1F411010 水利水电工程勘测 实务操作和案例分析题			8		
		1F411020 水利水电工程设计 单项选择题	3	3	4	5	1
		1F411020 水利水电工程设计 多项选择题	2	6		4	4
		1F411020 水利水电工程设计 实务操作和案例分析题	15			6	8
	1F412000 水利水电工程施工水流控制	1F412010 施工导流与截流 单项选择题					
		1F412010 施工导流与截流 多项选择题			2		
		1F412010 施工导流与截流 实务操作和案例分析题				3	
		1F412020 导流建筑物及基坑排水 单项选择题			1		
		1F412020 导流建筑物及基坑排水 多项选择题					
		1F412020 导流建筑物及基坑排水 实务操作和案例分析题		6		9	
	1F413000 地基处理工程	单项选择题	1		1	1	1
		多项选择题	2				2
		实务操作和案例分析题			4	6	
	1F414000 土石方工程	单项选择题	1	2			1
		多项选择题		2			
		实务操作和案例分析题	3			7	15
	1F415000 土石坝工程	1F415010 土石坝施工技术 单项选择题			1	1	
		1F415010 土石坝施工技术 多项选择题	2		2		
		1F415010 土石坝施工技术 实务操作和案例分析题				6	9
		1F415020 混凝土面板堆石坝施工技术 单项选择题				1	1
		1F415020 混凝土面板堆石坝施工技术 多项选择题			2		
		1F415020 混凝土面板堆石坝施工技术 实务操作和案例分析题		4	20		5
	1F416000 混凝土坝工程	1F416010 混凝土的生产与浇筑 单项选择题	1		1		1
		1F416010 混凝土的生产与浇筑 多项选择题			2		
		1F416010 混凝土的生产与浇筑 实务操作和案例分析题	8	16			
		1F416020 模板与钢筋 单项选择题	1		1		1
		1F416020 模板与钢筋 多项选择题			2	2	
		1F416020 模板与钢筋 实务操作和案例分析题		9			11
		1F416030 混凝土坝的施工技术 单项选择题					
		1F416030 混凝土坝的施工技术 多项选择题					
		1F416030 混凝土坝的施工技术 实务操作和案例分析题	4				
		1F416040 碾压混凝土坝的施工技术 单项选择题		1			1
		1F416040 碾压混凝土坝的施工技术 多项选择题					2
		1F416040 碾压混凝土坝的施工技术 实务操作和案例分析题	8			7	

续表

命题点			题型	2019年（分）	2020年（分）	2021年（分）	2022年（分）	2023年（分）
1F410000 水利水电工程技术	1F417000 堤防与河湖整治工程	1F417010 堤防工程施工技术	单项选择题					
			多项选择题				2	
			实务操作和案例分析题				4	
		1F417020 河湖整治工程施工技术	单项选择题			2		
			多项选择题					
			实务操作和案例分析题				6	
	1F418000 水闸、泵站与水电站工程	1F418010 水闸施工技术	单项选择题					
			多项选择题				2	
			实务操作和案例分析题			8		8
		1F418020 泵站与水电站的布置及机组安装	单项选择题	1			1	1
			多项选择题					
			实务操作和案例分析题				5	
	1F419000 水利水电工程施工安全技术		单项选择题			1	1	1
			多项选择题					2
			实务操作和案例分析题			18		
1F420000 水利水电工程项目施工管理	1F420010 水利工程建设程序		单项选择题	3	3	1	2	4
			多项选择题	2	2	4		6
			实务操作和案例分析题		7			
	1F420020 水利水电工程施工分包管理		单项选择题			1	1	
			多项选择题		2	2		
			实务操作和案例分析题			7		
	1F420030 水利水电工程标准施工招标文件的内容		单项选择题				1	1
			多项选择题					
			实务操作和案例分析题	21	20	19	25	15
	1F420040 水利工程质量管理与事故处理		单项选择题	2	1		1	2
			多项选择题	2		4	2	
			实务操作和案例分析题					
	1F420050 水利工程建设安全生产管理		单项选择题		2		2	1
			多项选择题				2	
			实务操作和案例分析题	15		12	6	16
	1F420060 水力发电工程项目施工质量与安全管理		单项选择题				1	
			多项选择题	2	2			
			实务操作和案例分析题					
	1F420070 水利水电工程施工质量评定		单项选择题			1	2	
			多项选择题					
			实务操作和案例分析题	4	4	8	4	11
	1F420080 水利工程验收		单项选择题	1		1	1	
			多项选择题	2	2		2	
			实务操作和案例分析题		7	4	4	10

续表

命题点			题型	2019年(分)	2020年(分)	2021年(分)	2022年(分)	2023年(分)
1F420000 水利水电工程项目施工管理		1F420090 水力发电工程验收	单项选择题					
			多项选择题					
			实务操作和案例分析题	6				
		1F420100 水利水电工程施工组织设计	单项选择题	2				1
			多项选择题					
			实务操作和案例分析题	26	29	6	15	10
		1F420110 水利水电工程施工成本管理	单项选择题			1		
			多项选择题				2	
			实务操作和案例分析题	3	15			
		1F420120 水利工程建设监理	单项选择题			1	1	
			多项选择题					
			实务操作和案例分析题				5	
		1F420130 水力发电工程施工监理	单项选择题			1	1	
			多项选择题					2
			实务操作和案例分析题					
		1F420140 水利水电工程项目综合管理案例	单项选择题					
			多项选择题					
			实务操作和案例分析题					
1F430000 水利水电工程项目施工相关法规与标准	1F431000 水利水电工程法规	1F431010 水法与工程建设有关的规定	单项选择题	1				
			多项选择题	2			2	2
			实务操作和案例分析题					
		1F431020 防洪的有关法律规定	单项选择题		1			
			多项选择题					
			实务操作和案例分析题					
		1F431030 水土保持的有关法律规定	单项选择题					
			多项选择题		2			
			实务操作和案例分析题					
		1F431040 大中型水利水电工程建设征地补偿和移民安置的有关规定	单项选择题					1
			多项选择题				2	
			实务操作和案例分析题					
	1F432000 水利水电工程建设强制性标准	1F432010 水利工程施工的工程建设标准强制性条文	单项选择题	2	1	1		1
			多项选择题					
			实务操作和案例分析题	10		6	2	2
		1F432020 水力发电及新能源工程施工及验收的工程建设标准强制性条文	单项选择题					
			多项选择题					
			实务操作和案例分析题					
合计			单项选择题	20	20	20	20	20
			多项选择题	20	20	20	20	20
			实务操作和案例分析题	120	120	120	120	120

2023 年度全国一级建造师执业资格考试
《水利水电工程管理与实务》
真题及解析

微信扫一扫
查看本年真题解析课

2023 年度《水利水电工程管理与实务》真题

一、单项选择题（共20题，每题1分。每题的备选项中，只有1个最符合题意）

1. 采用测角前方交会法进行平面细部放样，宜用（　　）个交会方向。
   A. 一　　　　　　　　　　　　B. 二
   C. 三　　　　　　　　　　　　D. 四

2. 水库总库容对应的特征水位是（　　）水位。
   A. 正常　　　　　　　　　　　B. 防洪高
   C. 设计　　　　　　　　　　　D. 校核

3. 帷幕灌浆的施工工艺主要包括：①钻孔；②裂隙冲洗；③压水试验；④灌浆及质量检验。正确的灌浆顺序是（　　）。
   A. ①②③④　　　　　　　　　B. ①②④③
   C. ①③②④　　　　　　　　　D. ①④②③

4. 锚杆灌浆、喷混凝土的强度达到设计强度的70%，其（　　）m 范围内不允许爆破。
   A. 10　　　　　　　　　　　　B. 20
   C. 30　　　　　　　　　　　　D. 50

5. 采用挖坑灌水（砂）时，试坑深度为（　　）。
   A. 碾压层厚　　　　　　　　　B. 1/3 碾压层厚
   C. 1/2 碾压层厚　　　　　　　D. 2/3 碾压层厚

6. 低塑性混凝土宜在浇筑完毕后立即进行（　　）养护。
   A. 洒水　　　　　　　　　　　B. 蓄水
   C. 喷雾　　　　　　　　　　　D. 覆盖

7. 图1钢筋接头示意图表示（　　）。

图 1 钢筋接头示意图

　　A. 绑扎连接　　　　　　　　　B. 闪光对焊
　　C. 接触电渣焊　　　　　　　　D. 机械连接

8. 芯样获得率评价碾压混凝土的（　　）。
   A. 抗渗性　　　　　　　　　　B. 密实性
   C. 均质性　　　　　　　　　　D. 力学性能

9. 型号为 HL220-LJ-500 的水轮机，其中"500"表示（　　）。
   A. 转轮型号　　　　　　　　　B. 转轮机转速
   C. 金属蜗壳直径　　　　　　　D. 转轮直径

10. 导火索的点燃器材是（　　）。
    A. 香　　　　　　　　　　　　B. 香烟
    C. 火柴　　　　　　　　　　　D. 打火机

11. 水利工程建设项目分为（　　）个阶段。
    A. 5　　　　　　　　　　　　B. 6
    C. 7　　　　　　　　　　　　D. 8

12. 项目法人应当自工程开工之日起（　　）个工作日之内，将开工情况的书面报告报项目主管单位和上一级主管单位备案。
    A. 5　　　　　　　　　　　　B. 7
    C. 10　　　　　　　　　　　 D. 15

13. 稽察问题性质可分为（　　）个类别。
    A. 1　　　　　　　　　　　　B. 2
    C. 3　　　　　　　　　　　　D. 4

14. 中型项目未完工程投资及预留费用可纳入竣工财务决算，应控制在总概算的（　　）以内。
    A. 1%　　　　　　　　　　　 B. 2%
    C. 3%　　　　　　　　　　　 D. 4%

15. 下列属于严重勘测设计失误的是（　　）。
    A. 主要建筑物结构形式、控制高程、主要结构尺寸不合理，但可以采取补救措施
    B. 环保措施设计不符合技术标准要求
    C. 未及时提供设计变更，影响施工进度
    D. 设计文件未明确重要设备生产厂家

16. 某工程的钢筋绑扎和混凝土浇筑不合格造成工程质量，可以追究（　　）的质量终身责任。
    A. 项目负责人　　　　　　　　B. 安全管理人员
    C. 钢筋绑扎施工负责人　　　　D. 混凝土浇筑施工负责人

17. 当心火灾标志属于（　　）标志。
    A. 警告　　　　　　　　　　　B. 禁止
    C. 指令　　　　　　　　　　　D. 提示

18. 下列属于超过一定规模的危险性较大的专项工程是（　　）。
    A. 围堰工程　　　　　　　　　B. 水上作业工程
    C. 沉井工程　　　　　　　　　D. 顶管工程

19. 移民安置规划由（　　）组织实施。
    A. 地方人民政府　　　　　　　B. 施工单位

C. 项目法人
D. 移民监理单位
20. 水利技术标准分为（　　）个层次。
A. 2
B. 3
C. 4
D. 5

二、多项选择题（共10题，每题2分。每题的备选项中，有2个或2个以上符合题意，至少有1个错项。错选，本题不得分；少选，所选的每个选项得0.5分）

21. 水泥砂浆保水性的指标有（　　）。
A. 泌水率
B. 沉入度
C. 坍落度
D. 分层度
E. 和易性

22. 渗透破坏的基本形式包括（　　）。
A. 管涌
B. 流土
C. 接触冲刷
D. 接触流失
E. 塌方

23. 高压喷射灌浆三管法施工机械主要有（　　）。
A. 钻机
B. 打桩机
C. 空气压缩机
D. 高压水泵
E. 高压泥浆泵

24. 振动碾压3~4遍后仍无灰浆泌出，说明（　　）。
A. 混凝土料太干
B. VC值太大
C. VC值太小
D. 水泥含量多
E. 混凝土料太湿

25. 关于施工照明说法，正确的有（　　）。
A. 一般场所的电压220V
B. 潮湿场所的电压24V
C. 行灯电源电压36V
D. 锅炉或金属容器内电压24V
E. 高度2.1m地下用电压36V

26. 关于水利工程建设项目建设程序的说法，正确的有（　　）。
A. 项目建议书解决建设必要性问题
B. 初步设计解决社会可行性问题
C. 建设程序包括后评价
D. 项目分为公益性和经营性两类
E. 建设期和运行期不可重叠

27. 关于不良行为记录的说法，正确的有（　　）。
A. 不良信息分为三类
B. 不良信息量化计分结果是白名单的依据
C. 一般不良可申请修复
D. 信用良好且三年内无不良信息，资质管理可享"绿色通道"
E. 信用良好且三年内无不良信息，在行政许可时可享"容缺受理"

28. 水利稽察方式主要包括（　　）。
A. 重点稽察
B. 随机抽查
C. 一般稽察
D. 项目稽察
E. 回头看

29. 根据《水电水利工程施工监理规范》DL/T 5111—2012，工程项目划分包括（   ）。
   A. 单元工程　　　　　　　　B. 分项工程
   C. 分部工程　　　　　　　　D. 单项工程
   E. 单位工程

30. 水工程按服务对象分为（   ）工程。
   A. 城镇供水　　　　　　　　B. 海涂围垦
   C. 跨海桥梁　　　　　　　　D. 航道
   E. 港口

三、实务操作和案例分析题（共5题，（一）、（二）、（三）题各20分，（四）、（五）题各30分）

（一）

背景资料：

某引水隧洞工程为平洞，采用钻爆法施工，由下游向上游开挖。钢筋混凝土衬砌采用移动模板浇筑，各工作名称和逻辑关系如表1，经监理工程师批准的施工进度计划如图2所示。

表1　各工作名称和逻辑关系

序号	工作名称	代号	持续时间	紧前工作
1	施工准备	A	10	—
2	下游临时道路扩建	B	20	A
3	上游临时道路扩建	C	90	A
4	下游洞口开挖	D	30	B
5	上游洞口开挖	E	30	C
6	隧洞开挖	F	380	D
7	钢筋加工	G	150	B
8	隧洞贯通	H	15	E、F
9	隧洞钢筋混凝土衬砌施工	I	270	G、H
10	尾工	J	10	I

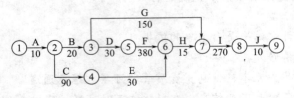

图2　施工进度计划

施工过程中发生如下事件。

事件1：工程如期开工，A工作完工后，因其他标段的影响（非承包人的责任），D工作开始时间推迟。经发包人批准，监理人通知承包人，B、C工作正常进行，工作不受影响。D工作暂停，推迟开工135d，要求承包人调整进度计划。承包人提出上下游相向开挖的方法，进度计划如图3所示。其中C1为C工作的剩余时间，K表示暂停时间。发包人和承包人签订补充协议，约定工期不变，发包人支付赶工费用108万元，提前完工奖励1.5万元/d，延迟完工处罚1.5万元/d。

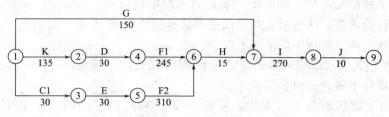

图3 调整后的进度计划

事件2：上游开挖中，由于未及时支护，导致塌方，共处理塌方石方450m^3，耗时8d。承包人以地质不良为由向发包人提出49500元（450m^3，110元/m^3）的费用及工期索赔。

事件3：当上下游距离小于L1时，爆破时对向开挖面的人员应撤离，当距离小于L2时，上游停止开挖，由下游向上游贯通。

事件4：对工期进行检查发现，H工作结束时间推迟10d，I工作实际持续时间为254d，J工作实际持续时间为6d。

问题：

1. 水工地下洞室除了平洞，还有哪些形式？夹角分别是多少？
2. 指出图3中F1、F2分别代表什么？并指出关键工作。
3. 事件2中承包人的要求是否合理？并说明理由。
4. 分别写出事件3中L1、L2代表的数值。
5. 根据事件4，计算实际总工期，对比合同工期是提前还是推迟？并计算发包人应支付承包人的费用。

（二）

背景资料：

某大型水库枢纽工程，建设资金来源为国有投资，发包人和施工单位甲依据《水利水电工程标准施工招标文件》（2009版）签订施工总承包合同。工程量清单计价以《水利工程工程量清单计价规范》为标准。南干渠隧洞估算投资1000万元，发包人将其以暂估价形式列入总包合同。施工过程中发生如下事件。

事件1：发包人要求以招标形式确定南干渠隧洞承包人，经招标，施工单位乙确定为承包人，与施工单位甲签订分包合同。

事件2：南干渠隧洞施工方案中，隧洞全长1000m，为圆形平洞，内径5m，衬砌厚50cm，平均超挖控制在15cm，如图4所示。

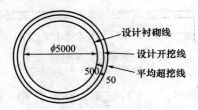

图4　圆形平洞施工示意图

事件3：南干渠隧洞设计衬砌8635m³，实际用量12223.55m³。配合比如表2，完工后，施工单位乙向监理单位提交混凝土衬砌子目完工付款申请单，申请以12223.55m³计量。

表2　衬砌混凝土配比表

标号	水泥（kg）	卵石（m³）	砂子（m³）	水（m³）
C25	291	0.8	0.52	0.2

事件4：为保障分包单位农民工工资支付，双方在合同中约定如下：
(1) 存储农民工工资保障金；
(2) 编制农民工工资支付表；
(3) 配备劳资专管员；
(4) 对农民工进行实名登记；
(5) 将人工费及时足额拨付至农民工工资专用账户；
(6) 开通农民工工资专用账户。

问题：

1. 事件1中，发包人要求招标的要求是否合理？并说明理由。
2. 事件2中，计算设计石方开挖量和实际石方开挖量，并判定计量用量（π取3.14）。
3. 事件3中，计算水泥和砂子的实际用量。
4. 修改事件3中申请付款的不妥之处。
5. 分别判定事件4中的约定是施工单位甲或施工单位乙的责任，以序号表示。

（三）

背景资料：

某河道新建设节制闸，闸室、翼墙地基采用换填水泥土，消力池末端（水平段）设冒水孔，底部设小石子、大石子、中粗砂三级反滤层，纵向剖面图如图5所示。

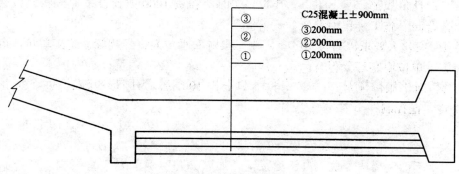

图5　消力池纵向剖面图

施工过程中发生如下事件。

事件1：开工前，监理部门组织编制本工程保障安全生产措施方案，方案内容包括工程概况、编制依据、安全生产的有关规章制度制定情况、安全生产管理机构及相关负责人。措施方案由总监理工程师审批，并于开工后21日报有管辖权的水行政主管部门备案。

事件2：该工程采用塔式起重机作为垂直运输机械，施工过程中发生模板坠落事故，导致1人死亡，2人重伤，1人轻伤。事故发生后，现场人员立即向本单位负责人报告。经调查，塔式起重机部分人员无特种作业资格证书。

问题：

1. 根据背景资料判断，消力池位于闸室上游还是下游？依次写出①、②、③的名称。
2. 改正事件1中的不妥之处。
3. 本工程安全生产措施方案还包括哪些内容？
4. 事件2中的事故属于哪个等级？施工单位负责人应在什么时间向哪些部门报告？
5. 塔式起重机的哪些人员应取得特种作业资格证书？

(四)

背景资料：

某灌溉输水项目，施工过程中发生如下事件。

事件1：项目法人组织监理、设计、施工等单位将施工项目划分为渠道、渡槽、隧洞等5个单位工程，确定主要单位工程、关键部位单元工程。监理单位开工前将划分表及说明书面报质量监督机构确认。

事件2：渡槽采用定型钢模板预制，施工内容包括：①场地平整压实；②混凝土基础平台制作；③钢筋笼吊装；④外模安装；⑤底模安装及平整度调整；⑥内模安装；⑦模板支撑加固；⑧槽身预制拉杆安装；⑨混凝土浇筑；⑩渡槽吊运存放；⑪内模拆除（混凝土养护）；⑫外模拆除。

槽身预制工艺如下：①→②→A→B→③→C→D→E→⑨→⑪→F→G→拆除底模。

事件3：隧洞为平洞，断面跨度4.2m，Ⅳ级围岩，局部Ⅴ级围岩。施工单位编制施工方案，采用全断面钻爆法开挖，自钻注浆锚杆加固，并明确了Ⅳ、Ⅴ级围岩开挖循环进尺参数。

事件4：该工程未发生质量事故，施工单位自评合格，主要项目全部优良，具体内容见表3。项目法人组建合同工程完工验收工作组，监理单位组织合同工程完工验收，通过了《合同工程完工验收鉴定书》，并按照规定，进行分发备案。

表3 质量等级评定表

名称	数量	优良数量	优良率(%)	外观质量检查得分率(%)	质量评定
渠道	10	8	80.0	90	优良
渡槽	12	8	66.7	85	a
隧洞	10	8	80.0	88	b
水闸、渠下工程	8	6	75.0	86	优良
暗涵	10	7	70.0	87	c
自评结果			e	优良率	d

问题：

1. 改正事件1中划分表及说明书申报的不妥之处，除主要单位工程、关键部位单元工程外，项目划分还需确定哪些项目？本工程渠道工程划分的原则是什么？

2. 写出事件2中A、B、C、D、E、F、G分别代表什么？用序号表示。

3. 根据事件3中的跨度，确定隧洞的规模。按照原理的不同，锚杆还有哪些形式？写出Ⅳ类围岩开挖循环进尺参数控制标准。

4. 写出表3中a、b、c的质量评定等级，列式计算优良率d，并判定自评结果e。

5. 改正事件4中合同工程完工验收的不妥之处，并写出《合同工程完工验收鉴定书》分发备案的具体要求。

（五）

背景资料：

某新建水库枢纽工程，包括主坝、副坝、泄水闸。主坝为混凝土面板堆石坝，副坝为均质土坝。施工过程中发生如下事件。

事件1：防浪墙采用移动式模板浇筑，如图6所示。

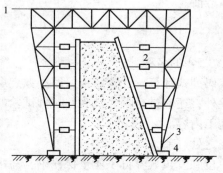

图6 移动式模板浇筑防浪墙

事件2：施工单位采用环刀法检测副坝土料压实度（最大干密度1.66g/cm³），具体内容见表4。

表4 副坝土料压实度检测

	环刀容积	ml	200			
湿密度	环刀质量	g	188.34			
	土+环刀质量	g	578.34			
	土质量	g				
	湿密度	g/cm³	1.95		A	
			盒一		盒二	
	盒质量		13.4	B	13.21	C
	盒+湿土质量		52.34	D	43.33	E
	盒+干土质量		44.96	F	37.61	G
干密度	水质量					
	干土质量					
	含水率					
	平均含水率				H	
	干密度				I	
	压实度				J	

事件3：新进一批钢筋，施工单位按要求取样，送至有资质的第三方检验机构进行拉力试验。

事件4：工程采用紫铜片止水，方案部分内容如下：
（1）沉降缝填充，先装填填缝材料，后浇筑混凝土。

（2）紫铜片采用双面焊接，焊缝搭接 10m。
（3）水平止水片接头在加工厂制作。
（4）水平止水片上 40cm 设置一道水平施工缝，施工时采用将止水片留出的方案。
（5）紫铜片在沉降槽处用聚乙烯闭孔泡沫条填缝。
（6）为加强止水片和混凝土的接触，振捣时用振捣泵在止水片上及止水片周围振捣。
（7）焊缝采用红铜焊丝。
（8）用水检查焊缝的渗透性。

问题：
1. 写出事件 1 中 1、2、3、4 的名称。
2. 计算压实度，采用代码列式计算，计算结果保留小数点后两位。
3. 钢筋检验除拉力试验外，还应进行哪些试验？拉伸试验的三个指标是什么？
4. 写出混凝土面板的施工内容。
5. 改正事件 4 中的不妥之处。
6. 工程结束后，施工单位和发包人签订了质量保修书，写出质量保修书的内容。

2023年度真题参考答案及解析

一、单项选择题

1. C；　　2. D；　　3. A；　　4. B；　　5. A；
6. C；　　7. D；　　8. C；　　9. D；　　10. A；
11. D；　12. D；　13. C；　14. C；　15. C；
16. A；　17. A；　18. D；　19. A；　20. D。

【解析】

1. C。本题考核的是开挖工程细部放样。采用测角前方交会法，宜用三个交会方向，以"半测回"标定即可。

2. D。本题考核的是水库特征水位。水库特征水位和相应库容关系如图7所示。

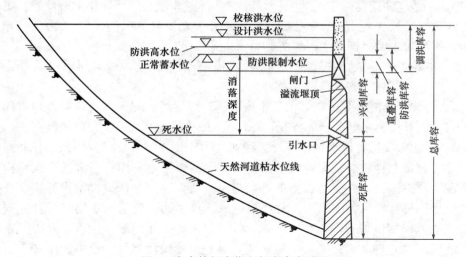

图7　水库特征水位和相应库容关系

水库总库容对应的特征水位是校核水位。

3. A。本题考核的是帷幕灌浆施工工艺。帷幕灌浆施工工艺主要包括：钻孔、裂隙冲洗、压水试验、灌浆和灌浆的质量检查等。

4. B。本题考核的是爆破公害控制。在锚索灌浆、锚杆灌浆、喷混凝土的强度达到设计强度的70%以前，其20m范围内不允许爆破。

5. A。本题考核的是坝料压实检查方法。垫层料、过渡料和堆石料压实干密度检测方法，宜采用挖坑灌水（砂）法，或辅以其他成熟的方法。垫层料也可用核子密度仪法。试坑深度为碾压层厚。

6. C。本题考核的是混凝土养护。《水工混凝土施工规范》SL 677—2014 中规定，塑性混凝土应在浇筑完毕后 6~18h 内开始洒水养护，低塑性混凝土宜在浇筑完毕后立即喷雾养护，并及早开始洒水养护；混凝土应连续养护，养护期内始终使混凝土表面保持湿润。

7. D。本题考核的是普通钢筋的表示方法。图中钢筋接头连接方式表示的是机械连接。

8. C。本题考核的是钻孔取样评定的内容。钻孔取样评定的内容如下：

（1）芯样获得率：评价碾压混凝土的均质性。

（2）压水试验：评定碾压混凝土抗渗性。

（3）芯样的物理力学性能试验：评定碾压混凝土的均质性和力学性能。

（4）芯样断口位置及形态描述：描述断口形态，分别统计芯样断口在不同类型碾压层层间结合处的数量，并计算占总断口数的比例，评价层间结合是否符合设计要求。

（5）芯样外观描述：评定碾压混凝土的均质性和密实性。

9. D。本题考核的是水轮机的型号。HL220-LJ-500 表示转轮型号为 220 的混流式水轮机，立轴，金属蜗壳，转轮直径为 500cm。

10. A。本题考核的是火花起爆的规定。点燃导火索应使用香或专用点火工具，禁止使用火柴、香烟和打火机。

11. D。本题考核的是水利工程建设项目建设阶段划分。水利工程建设项目一般分为：项目建议书、可行性研究报告、施工准备、初步设计、建设实施、生产准备、竣工验收、后评价等阶段。

12. D。本题考核的是关于主体工程开工的规定。水利工程具备开工条件后，主体工程方可开工建设。项目法人或建设单位应当自工程开工之日起 15 个工作日之内，将开工情况的书面报告报项目主管单位和上一级主管单位备案。

13. C。本题考核的是水利建设项目稽察问题性质的类别。稽察问题性质可分为"严重""较重"和"一般"三个类别。

14. C。本题考核的是竣工决算的基本内容。建设项目未完工程投资及预留费用可预计纳入竣工财务决算。大中型项目应控制在总概算的 3% 以内，小型项目应控制在 5% 以内。

15. C。本题考核的是严重勘测设计失误的行为。主要建筑物结构形式、控制高程、主要结构尺寸不合理，补救措施实施困难，影响工程整体功能发挥、正常运行或结构安全属于严重勘测设计失误，选项 A 可以采取补救措施，所以不属于严重勘测设计失误。施工期环保措施设计不符合技术标准要求，对环境造成严重影响，属于严重勘测设计失误，故选项 B 错误。未及时提供施工图、技术要求、设计变更等，影响施工进度，属于严重勘测设计失误，故选项 C 正确。设计文件中指定建筑材料，建筑构配件，设备的生产厂、供应商（除有特殊要求的建筑材料、专用设备、工艺生产线等外）属于严重勘测设计失误，故选项 D 错误。

16. A。本题考核的是水利工程责任单位责任人质量终身责任追究。水利工程责任单位是指承担水利工程项目建设的建设单位（项目法人）和勘察、设计、施工、监理等单位。责任单位责任人包括责任单位的法定代表人、项目负责人和直接责任人等。项目负责人是指承担水利工程项目建设的建设单位项目负责人、勘察单位项目负责人、设计单位项目负责人、施工单位项目经理、监理单位总监理工程师等。

17. A。本题考核的是安全标志。警告标志，提醒人们对周围环境引起注意，以免可能发生的危险。当心火灾属于警告标志。

18. D。本题考核的是超过一定规模的危险性较大的专项工程。地下暗挖工程、顶管工程、水下作业工程属于超过一定规模的危险性较大的专项工程。

19. A。本题考核的是大中型水利水电工程移民安置的有关规定。建设单位应当根据安置地区的环境容量和可持续发展的原则，因地制宜，编制移民安置规划，经依法批准后，由有关地方人民政府组织实施。

20. D。本题考核的是水利工程建设标准体系。水利技术标准包括国家标准、行业标准、地方标准、团体标准和企业标准。

二、多项选择题

21. A、D； 22. A、B、C、D； 23. A、C、D、E；
24. A、B； 25. A、B、C、E； 26. A、C；
27. A、C、D、E； 28. D、E； 29. A、B、C、E；
30. A、B、D、E。

【解析】

21. A、D。本题考核的是水泥砂浆的技术指标。水泥砂浆技术指标包括流动性和保水性两个方面。流动性用沉入度表示。保水性可用泌水率表示，即砂浆中泌出水分的质量占拌合水总量的百分率。但工程上采用较多的是分层度这一指标。

22. A、B、C、D。本题考核的是渗透破坏的基本形式。渗透变形又称为渗透破坏，是指在渗透水流的作用下，土体遭受变形或破坏的现象。一般可分为管涌、流土、接触冲刷、接触流失四种基本形式。

23. A、C、D、E。本题考核的是高压喷射灌浆的基本方法。高压喷射灌浆三管法施工机械主要有台车、钻机、高压水泵、通用灌浆泵、搅拌机、空气压缩机、高压泥浆泵、清水泵等。

24. A、B。本题考核的是碾压时拌合料干湿度的控制。在碾压过程中，若振动碾压3~4遍后仍无灰浆泌出，混凝土表面有干条状裂纹出现，甚至有粗集料被压碎现象，则表明混凝土料太干，故选项A正确；若振动碾压1~2遍后，表面就有灰浆泌出，有较多灰浆黏在振动碾上，低档行驶有陷车情况，则表明拌合料太湿。在振动碾压3~4遍后，混凝土表面有明显灰浆泌出，表面平整、润湿、光滑，碾滚前后有弹性起伏现象，则表明混凝土料干湿适度。碾压混凝土的干湿度一般用VC值表示。VC值太小表示拌合太湿，振动碾易沉陷，难以正常工作。VC值太大表示拌合料太干，灰浆太少，集料架空，不易压实，故选项B正确。

25. A、B、C、E。本题考核的是安全电压照明器的使用。锅炉或金属容器内工作的照明电源电压不得大于12V；地下工程、有高温、导电灰尘，且灯具离地面高度低于2.5m等场所的照明，电源电压应不大于36V。

26. A、C。本题考核的是水利工程建设项目建设程序。选项B错误，可行性研究报告阶段解决项目建设技术、经济、环境、社会可行性问题。选项D错误，水利工程建设项目按其功能和作用分为公益性、准公益性和经营性三类。选项E错误，各阶段工作实际开展时间可以重叠。

27. A、C、D、E。本题考核的是不良行为记录信息管理。选项B错误，对水利建设市场主体不良行为记录信息实行量化计分管理，量化计分结果是"重点关注名单""黑名单"认定和水利行业信用评价的重要依据。不良行为记录量化计分管理实行扣分制。

28. D、E。本题考核的是水利稽察方式。水利稽察方式主要包括项目稽察和对项目稽察发现问题整改情况的回头看。

29. A、B、C、E。本题考核的是工程项目划分。工程项目划分工程开工申报及施工质量检查，一般按单位工程、分部工程、分项工程、单元工程四级进行划分。

30. A、B、D、E。本题考核的是水工程。水工程是指在江河、湖泊和地下水源上开发、利用、控制、调配和保护水资源的各类工程。《中国水利百科全书》将水利工程定义为对自然界的地表水和地下水进行控制和调配，以达到除害兴利的目的而修建的工程，并按服务对象分为防洪工程、农田水利工程（也称为排灌工程）、发电工程、航道及港口工程、城镇供水排水工程、环境水利工程、河道堤防和海堤工程、海涂围垦工程等，所以水工程就是水利工程。

三、实务操作和案例分析题

（一）

1. 水工地下洞室除了平洞，还有：斜井、竖井。
倾角小于等于6°为平洞；倾角6°~75°为斜井；倾角大于等于75°为竖井。
2. 图3中F1代表下游隧洞开挖、F2代表上游隧洞开挖。
关键线路1：①→③→⑤→⑥→⑦→⑧→⑨。
关键线路2：①→②→④→⑥→⑦→⑧→⑨。
3. 事件2中承包人的要求不合理。
理由：导致塌方的原因是未及时支护，属于承包人自身原因。
4. L1：30m 或 5倍洞径；L2：15m。
5. 实际总工期 = 10+20+70+30+310+15+10+254+6 = 725d。
对比合同工期 735d，提前 10d。
发包人应支付承包人的费用：108+1.5×10 = 123 万元。

（二）

1. 发包人要求招标的要求合理。
理由：南干渠隧洞估算投资1000万元，建设资金来源为国有投资，所以应当招标。
2. 设计石方开挖量：3.14×（5/2+0.5）×（5/2+0.5）×1000 = 28260m^3。
实际石方开挖量：3.14×（5/2+0.5+0.15）×（5/2+0.5+0.15）×1000 = 31156.65m^3。
计量用量取设计石方开挖量，即 28260m^3。
3. 水泥用量：12223.55×291 = 3557053.05kg。
砂子用量：12223.55×0.52 = 6356.246m^3。
4. 施工单位乙应当向施工单位甲提交混凝土衬砌子目完工付款申请单，施工单位甲应当向监理单位提交混凝土衬砌子目完工付款申请单，申请以 8635m^3 计量。
5. 施工单位甲的责任：(1)、(3)、(6)。
施工单位乙的责任：(2)、(4)。

（三）

1. 消力池位于闸室下游。
①、②、③的名称是：①中粗砂；②小石子；③大石子。

2. 改正事件1中的不妥之处：项目法人应当组织编制保证安全生产的措施方案，并自开工之日起15个工作日内报有管辖权的水行政主管部门、流域管理机构或者其委托的水利工程建设安全生产监督机构备案。

3. 本工程安全生产措施方案还包括：安全生产管理人员及特种作业人员持证上岗情况；安全生产管理机构的应急救援预案；工程度汛方案、措施；其他有关事项。

4. 事件2中的事故属于一般事故，单位负责人接到报告后，应在1h内向主管单位和事故发生地县级以上水行政主管部门电话报告。

5. 塔式起重机特种作业人员：塔式起重机司机、起重信号工、司索工、安装拆卸工（维修工）。

（四）

1. 改正事件1中划分表及说明书申报的不妥之处：由项目法人在主体工程开工前将项目划分表及说明书面报相应工程质量监督机构确认。

项目划分除确定主要单位工程、关键部位单元工程外，还应确定主要分部工程和重要隐蔽单元工程。

本工程渠道工程划分原则是：按招标标段或工程结构划分。

2. A：⑤；B：④；C：⑥；D：⑧；E：⑦；F：⑫；G：⑩。

3. 隧洞规模为小断面。

按照原理划分，锚杆还有全长粘结性锚杆、端头错固形锚杆、摩擦型锚杆、预应力锚杆。

Ⅳ级围岩中，开挖循环进尺控制在2m以内。

4. a、b、c的质量评定等级：a：合格；b：优良；c：优良。

优良率 d=4/5=80.0%。

e 为合格。

5. 改正事件4中合同工程完工验收的不妥之处：合同工程完工验收应当由项目法人组织。

《合同工程完工验收鉴定书》分发备案的具体要求：《合同工程完工验收鉴定书》正本数量可按参加验收单位、质量和安全监督机构以及归档所需的份数确定。自验收鉴定书通过之日起30个工作日内，应由项目法人发送有关单位，并报送法人验收监督管理机关备案。

（五）

1. 事件1中1、2、3、4的名称分别是：1—支撑钢架（贝雷架、门架）；2—花篮螺杆（横向拉杆）；3—行驶轮（滑轮）；4—轨道。

2. 压实度的计算如下：

盒一水的质量：D-F=52.34-44.96=7.38g。

盒一干土的质量：F-B=44.96-13.4=31.56g。

盒一含水率：水的质量÷干土的质量=7.38÷31.56=23.38%。

盒二水的质量：E-G=43.33-37.61=5.72g。

盒二干土的质量：G-C=37.61-13.21=24.40g。

盒二含水率：水的质量÷干土的质量=5.72÷24.40=23.44%。

平均含水率：(23.38%+23.44%)÷2=23.41%。

干密度：湿密度÷(1+含水率)=1.95÷(1+23.41%)=1.580g/cm³。

压实度：干密度÷最大干密度=1.58÷1.66=95.18%。

3. 钢筋检验除拉力试验外，还应进行冷弯试验。

钢筋拉伸试验的三个指标是屈服点、抗拉强度、伸长率。

4. 面板的施工主要包括混凝土面板的分块、垂直缝砂浆条铺设、钢筋架立、面板混凝土浇筑、面板养护等作业。

5. 事件4中有四项不妥之处，改正如下：

第（2）条不妥，改正：紫铜片采用双面焊接，焊缝搭接不应小于20mm。

第（4）条不妥，改正：水平止水片应在浇筑层的中间，在止水片高程处，不得设置施工缝。

第（6）条不妥，改正：混凝土浇筑时，不得冲撞止水片，振捣器不得触及止水片。

第（8）条不妥，改正：应当用煤油检查紫铜焊缝的渗透性。

6. 质量保修书的内容：合同工程完工验收情况；质量保修的范围和内容；质量保修期；质量保修责任；质量保修费用；其他。

2022年度全国一级建造师执业资格考试
《水利水电工程管理与实务》
真题及解析

学习遇到问题？
扫码在线答疑

2022年度《水利水电工程管理与实务》真题

一、单项选择题（共20题，每题1分。每题的备选项中，只有1个最符合题意）

1. 测量土石方开挖工程量，两次独立测量的差值小于5%时，可以作为最后工程量的是（　　）值。
   A. 大数
   B. 中数
   C. 小数
   D. 重测

2. 五类环境条件下的闸墩，其混凝土保护层最小厚度是（　　）mm。
   A. 30
   B. 40
   C. 50
   D. 60

3. 建筑物级别为2级的水闸，其闸门的合理使用年限为（　　）年。
   A. 30
   B. 50
   C. 80
   D. 100

4. 用于均质土坝的土料，其有机质含量（按重量计）最大不超过（　　）。
   A. 5%
   B. 6%
   C. 7%
   D. 8%

5. 图1为某挡土墙底板扬压力示意图。该挡土墙底板单位宽度的扬压力为（　　）kN（水的重度 $\gamma = 10kN/m^3$）。

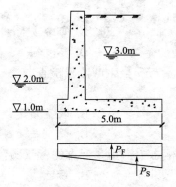

图1　挡土墙底板扬压力示意图

A. 25 B. 50
C. 75 D. 100

6. 利用水跃消能称为（   ）。
   A. 面流消能 B. 水垫消能
   C. 挑流消能 D. 底流消能

7. 可以提高岩体的整体性和抗变形能力的灌浆称为（   ）。
   A. 固结灌浆 B. 接触灌浆
   C. 接缝灌浆 D. 回填灌浆

8. 面板堆石坝的过渡区位于（   ）之间。
   A. 主堆石区与下游堆石区 B. 上游面板与垫层区
   C. 垫层区与主堆石区 D. 下游堆石区与下游护坡

9. 关于型号为"HL 220—LJ—500"水轮机的说法，正确的是（   ）。
   A. 转轮型号为 220 的混流式水轮机 B. 转轮型号为 500 的混流式水轮机
   C. 水轮机的比转数为 500γ/min D. 水轮机的转轮直径为 220cm

10. 坠落高度为 20m 的高处作业级别为（   ）。
    A. 一级 B. 二级
    C. 三级 D. 四级

11. 实施水利工程建设项目代建制时，施工招标的组织方为（   ）。
    A. 项目法人 B. 代建单位
    C. 代建合同约定的单位 D. 招标代理机构

12. 根据《水利建设项目稽察常见问题清单（2021年版）》，稽察发现质量管理制度未建立，可以认定问题性质为（   ）。
    A. 特别严重 B. 严重
    C. 较重 D. 一般

13. 根据《水利工程合同监督检查办法（试行）》，签订的劳务合同不规范问题属于（   ）合同问题。
    A. 一般 B. 较重
    C. 严重 D. 特别严重

14. 承包人违法分包导致合同解除，对已经完成的质量合格建设工程，工程价款应（   ）。
    A. 全部支付 B. 部分支付
    C. 折价补偿 D. 不支付

15. 根据《水利工程建设质量与安全生产监督检查办法（试行）》，质量缺陷分类中不包括（   ）。
    A. 一般质量缺陷 B. 较重质量缺陷
    C. 严重质量缺陷 D. 特别严重缺陷

16. 水利工程施工场地安全标志中，指令标志的背景颜色为（   ）。
    A. 红色 B. 白色
    C. 蓝色 D. 黄色

17. 根据《大中型水电工程建设风险管理规范》GB/T 50927—2013，某风险发生的可能性等级是"偶尔",损失严重性等级是"严重",则该风险评价等级为( )级。
A. Ⅰ
B. Ⅱ
C. Ⅲ
D. Ⅳ

18. 根据《水电建设工程质量监督检查大纲》,质量监督的工作方式一般为( )。
A. 巡视检查
B. 抽查
C. 驻点
D. 飞检

19. 水利工程建设项目档案验收前,项目法人应组织参建单位编制( )报告。
A. 档案抽检
B. 档案自检
C. 档案评估
D. 档案审核

20. 根据《水利工程建设监理规定》(水利部令第28号)和《水利工程施工监理规范》SL 288—2014,负责审批分部工程开工申请报告的是( )。
A. 总监理工程师
B. 监理工程师
C. 监理员
D. 副总监理工程师

二、多项选择题(共10题,每题2分。每题的备选项中,有2个或2个以上符合题意,至少有1个错项。错选,本题不得分;少选,所选的每个选项得0.5分)

21. 下列水库大坝建筑物级别可提高一级的有( )。
A. 坝高120m的2级混凝土坝
B. 坝高95m的2级土石坝
C. 坝高100m的2级浆砌石坝
D. 坝高75m的3级土石坝
E. 坝高95m的3级混凝土坝

22. 土石坝渗流分析的主要内容是确定( )。
A. 渗透压力
B. 渗透坡降
C. 渗流量
D. 浸润线位置
E. 扬压力

23. 启闭机试验包括( )试验。
A. 空运转
B. 空载
C. 动载
D. 静载
E. 超载

24. 关于钢筋接头的说法,错误的有( )。
A. 构件受拉区绑扎钢筋接头截面面积不超过受力钢筋总截面面积的50%
B. 构件受压区绑扎钢筋接头截面面积不超过受力钢筋总截面面积的50%
C. 受弯构件受拉区焊接钢筋接头截面面积不超过受力钢筋总截面面积的50%
D. 受弯构件受压区焊接钢筋接头截面面积不超过受力钢筋总截面面积的25%
E. 焊接与绑扎接头距钢筋弯起点不小于$10d$,也不应位于最大弯矩处

25. 关于堤防填筑作业的说法,正确的有( )。
A. 筑堤工作开始前,必须按设计要求对堤基进行清理
B. 地面起伏不平时,应由低至高顺坡铺土填筑
C. 堤防横断面上地面坡陡于1:5时,应将地面坡度削至缓于1:5
D. 相邻作业堤段间出现高差,应以斜坡面相接,坡度应缓于1:3
E. 堤防碾压行走方向,应垂直于堤轴线

26. 根据《水利工程责任单位责任人质量终身责任追究管理办法(试行)》(水监督

〔2021〕335号），责任人为注册执业人员的，可能的责任追究方式有（　　）。
   A. 责令停止执业1年　　　　　　B. 吊销执业资格证书
   C. 3年内不予注册　　　　　　　D. 罚款
   E. 责令辞职

27. 根据《水利建设工程文明工地创建管理办法》（水精〔2014〕3号），一个文明建设工地可以按（　　）申报。
   A. 一个工程项目　　　　　　　　B. 一个标段
   C. 一个单位工程　　　　　　　　D. 几个标段联合
   E. 一个单项工程

28. 水利水电工程建设项目竣工环境保护验收中，建设单位组织成立验收工作组的，工作组成员应包括（　　）代表。
   A. 设计单位　　　　　　　　　　B. 施工单位
   C. 质量监督机构　　　　　　　　D. 环境影响报告书（表）编制机构
   E. 验收监测（调查）报告编制机构

29. 根据砌体工程计量与支付规则，下列费用中，发包人不另行支付的有（　　）。
   A. 砂浆　　　　　　　　　　　　B. 混凝土预制块
   C. 止水设施　　　　　　　　　　D. 埋设件
   E. 拉结筋

30. 关于水利水电工程施工相关法规的说法，正确的有（　　）。
   A. 水资源属于国家所有
   B. 农村集体组织的水塘的水实行取水许可制度
   C. 禁止在水工程保护范围内施工
   D. 禁止在泥石流易发区从事挖砂、取土活动
   E. 移民安置工作由项目法人负责组织实施

三、实务操作和案例分析题（共5题，（一）、（二）、（三）题各20分，（四）、（五）题各30分）

（一）

背景资料：

某大（2）型节制闸工程共26孔，每孔净宽10m。施工采用分期导流，导流围堰为斜墙带铺盖式土石结构，断面型式示意图如图2所示。

工程施工过程中发生如下事件：

事件1：施工单位选用振动碾对围堰填筑土石料进行压实，其中黏土斜墙的设计干密度为$1.71g/cm^3$，土料最优含水率击实最大干密度为$1.80g/cm^3$。

事件2：根据水利部《水利工程生产安全重大事故隐患判定标准（试行）》（水安监〔2017〕344号），项目法人在组织有关单位进行生产安全事故隐患排查时发现：
(1) 施工单位设置了安全生产管理机构，仅配备了兼职安全生产管理人员；
(2) 闸基坑开挖未按批准的专项施工方案施工；
(3) 部分新入职人员未进行安全教育和培训；
(4) 降水管井反滤层损坏，抽出带泥砂的浑水。

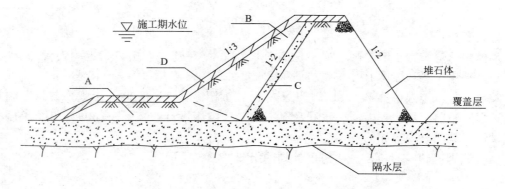

图 2 导流围堰断面型式示意图

事件 3：闸上工作桥为现浇混凝土梁板结构，施工单位在梁板混凝土强度达到设计强度标准值的 65% 时，即拆除模板进行启闭机及闸门安装，造成某跨混凝土梁断裂，启闭机坠落，3 人死亡，5 人重伤。

问题：

1. 根据背景资料，判定本工程导流围堰的建筑物级别，并指出图 2 中 A、B、C、D 所代表的构造名称。
2. 根据事件 1，除碾压机具的重量、土料含水率外，土料填筑压实参数还包括哪些？黏土斜墙的压实度为多少（以百分数表示，计算结果保留到小数点后 1 位）？
3. 事件 2 中可以直接判定为重大事故隐患的情形有哪些（可用序号表示）？
4. 根据《水利部生产安全事故应急预案（试行）》，生产安全事故共分为哪几个等级？事件 3 中的事故等级为哪一级？按混凝土设计强度标准值的百分率计，工作桥梁板拆模的标准是多少？

（二）

背景资料：

某枢纽鱼道布置于节制闸左岸，鱼道总长642m。鱼道进、出口附近均设置控制闸门，鱼道池室采用箱涵和整体U型槽结构两种型式。

发包人与承包人根据《水利水电工程标准施工招标文件》（2009年版）签订了施工合同。工程实施前，承包人根据《水利水电工程施工组织设计规范》SL 303—2017编制施工组织设计，其部分内容如下：

（1）经监理机构批准的施工进度计划网络图如图3所示。

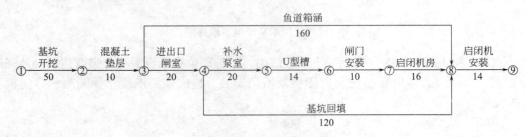

图3 施工进度计划网络图（单位：d）

（2）当日平均气温连续5d稳定低于0℃以下或最低气温连续5d稳定低于-5℃以下时，开始按低温季节组织混凝土施工。预热混凝土制备，首先考虑加热集料，不能满足要求时方可考虑热水，仍不能满足要求时，再考虑加热胶凝材料。

（3）施工临时用水量按照日高峰生产和生活用水量，加上消防用水量计算。

（4）施工临时用电包括：基坑排水、混凝土制备、混凝土浇筑、木材加工厂、钢筋加工厂、空压站等主要设备用电。现场设置一个电源，就近从高压10kV线路接入工地。

工程施工进入冬季遭遇了合同约定的异常恶劣的气候条件，监理机构下达暂停施工指令，造成鱼道箱涵、进出口闸室两项工作均推迟30d完成。承包人按照索赔程序向发包人提出了30d的工期索赔。

问题：

1. 指出图3的关键线路、计算工期。
2. 改正施工组织设计文件内容（2）（3）中的不妥之处。
3. 指出施工组织设计文件内容（4）中的不妥之处，说明理由。
4. 指出承包人提出的工期索赔要求是否合理，说明理由。

（三）

背景资料：

某水利枢纽工程施工招标文件根据《水利水电工程标准施工招标文件》（2009年版）编制。在招标及合同实施期间发生了以下事件：

事件1：评标结束后，招标人未能在投标有效期内完成定标工作。招标人通知所有投标人延长投标有效期。投标人甲拒绝延长投标有效期。为此，招标人通知投标人甲，其投标保证金不予退还。

事件2：评标委员会依序推荐投标人乙、丙、丁为中标候选人并经招标人公示。在公示期间查实投标人乙存在影响中标结果的违法行为。招标人据此取消了投标人乙的中标候选人资格，并按照评标委员会提出的中标候选人排序确定投标人丙为中标人。

事件3：评标公示结束后，招标人与投标人丙（以下称施工单位丙）签订施工总承包合同。本合同相关合同文件见表1，各合同文件解释合同的优先次序序号分别为一至八。

表1 合同文件解释合同的优先次序

文件编号	文件名称	优先次序序号
1	协议书	一
2	图纸	
3	技术标准和要求	
4	中标通知书	
5	通用合同条款	
6	投标函及投标函附录	
7	专用合同条款	
8	已标价工程量清单	八

事件4：开工后施工单位丙按照《保障农民工工资支付条例》规定开设农民工工资专用账户，工程完工后，申请注销农民工工资专用账户。

问题：

1. 事件1中，招标人不退还投标人甲投标保证金的做法是否妥当？说明理由。投标保证金不予退还的情形有哪些？

2. 事件2中，招标人取消投标人乙的中标资格并确定投标人丙为中标人，应履行什么程序？除背景资料所述情形外，第一中标候选人资格被取消的情形还有哪些？

3. 事件3表1中，文件编号2~7分别对应的解释合同的优先次序序号是多少？

4. 事件4中，农民工工资专用账户的用途是什么？申请注销农民工工资专用账户的条件有哪些？申请注销后其账户内的余额归谁所有？

（四）

背景资料：

某水利工程水库总库容 $0.64×10^8 m^3$，大坝为碾压混凝土坝，最大坝高58m。在右岸布置一条导流隧洞，采用土石围堰一次拦断河床的导流方案。施工期间发生如下事件：

事件1：施工单位编制了施工导流方案，确定了导流建筑物结构型式和施工技术措施。其中上游围堰采用黏土心墙土石围堰，设计洪水位159m，波浪高度0.3m；导流隧洞长320m，洞径4m，穿越Ⅱ、Ⅲ、Ⅴ类围岩，对穿越Ⅱ类围岩的洞段不支护，其他洞段均进行支护。

事件2：围堰填筑前，监理工程师对心墙填料和堰壳填料的渗透系数进行了抽样检测，心墙填料的渗透系数为 $1.0×10^{-4}$ cm/s，堰壳填料的渗透系数为 $1.7×10^{-3}$ cm/s。监理工程师要求施工单位更换填料。

事件3：导流隧洞施工完成且具备过流条件，项目法人根据《水利水电建设工程验收规程》SL 223—2008 阶段验收的基本要求，向阶段验收主持单位提出了阶段验收申请报告。验收主持单位在收到申请报告后第25个工作日决定同意阶段验收，并成立了由验收主持单位和有关专家参加的阶段验收委员会。

事件4：施工单位编制了碾压混凝土施工方案，采用RCC工法施工，碾压厚度75cm，碾压前通过碾压试验确定碾压参数。在碾压过程中，采用核子密度仪测定碾压混凝土的湿密度和压实度，对碾压层的均匀性进行控制。

问题：

1. 根据背景资料，判别工程的规模、等别及碾压混凝土坝和围堰的建筑物级别。
2. 根据施工期挡、泄水建筑物的不同，一次拦断河床围堰导流程序可分为哪几个阶段？
3. 根据事件1，计算上游围堰的堰顶高程。分别提出与Ⅲ、Ⅴ类围岩相适应的支护类型。
4. 根据事件2，判定监理工程师提出更换哪个部位的填料？说明理由。
5. 指出事件3中的不妥之处，说明理由。除阶段验收主持单位和有关专家外，阶段验收委员会的组成还应包括哪些人员？
6. 指出事件4中的不妥之处，说明理由。碾压参数包含哪些内容？采用核子密度仪测定湿密度和压实度时，对检测点布置和数量以及检测时间有什么要求？

(五)

背景资料：

某施工单位承担行蓄洪区治理工程中的排涝泵站、堤防加固、河道土方开挖（含疏浚）施工。排涝泵站设计流量180m³/s，安装6台立式轴流泵，泵站布置清污机桥、进水池、主泵房及出水池等。主泵房基础采用C35预制钢筋混凝土方桩、高压旋喷桩防渗墙处理。泵站纵剖面示意图如图4所示。工程施工过程中发生了如下事件：

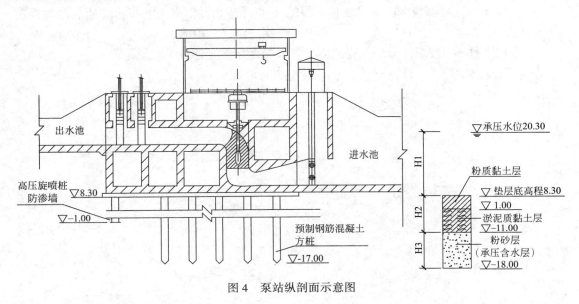

图4 泵站纵剖面示意图

事件1：工程施工过程中完成了如下工作：①老堤加高培厚；②进水流道层；③高压旋喷桩防渗墙；④出水池底板；⑤清污机桥；⑥电机层；⑦水泵层；⑧清污机安装；⑨联轴层；⑩钢筋混凝土方桩；⑪进水池；⑫厂房。

事件2：施工单位对承压水突涌的稳定性进行计算分析，判断是否需要对承压水采取降压措施。计算中不考虑桩基施工对土体的影响，安全系数取1.10，土体的天然重度γ_s为18kN/m³，水的天然重度$\gamma_水$为10kN/m³。

事件3：河道土方开挖施工过程中，因疏浚区内存在水上开挖土方，疏浚工程采用分层施工。

事件4：进水池施工完成后，监理工程师对进水池底板混凝土的强度及抗渗性能有异议，建设单位委托具有相应资质等级的第三方质量检测机构进行了检测，检测费用20万元，检测结果为合格。

事件5：堤防加固主要工程内容为堤防加高培厚，预制混凝土块护坡。堤防加固分部工程验收结论为：本分部工程共划分为40个单元工程，单元工程全部合格，其中28个单元工程达到优良等级，主要单元工程以及重要隐蔽单元工程（关键部位单元工程）质量优良率为90%。

问题：

1. 根据事件1，指出属于主泵房相关工作的施工顺序（用工作编号和箭头表示如②

→)。

2. 根据事件 2，计算并判断本工程是否需要采取降低承压水措施（计算结果保留到小数点后 2 位）。

3. 根据《堤防工程施工规范》SL 260—2014，指出老堤加高培厚土方施工的主要施工工序。

4. 疏浚工程中，除事件 3 中所列情形外，还有哪些情形采取分层施工？分层施工应遵循的原则是什么？

5. 事件 4 中，检测费用应由谁支付？根据《水利水电工程单元工程施工质量验收评定标准 混凝土工程》SL 632—2012，一般采用哪些方法进行检测？

6. 根据事件 5，按照该分部工程的质量等级为优良，完善该验收结论。

2022 年度真题参考答案及解析

一、单项选择题

1. B；　　2. D；　　3. B；　　4. A；　　5. C；
6. D；　　7. A；　　8. C；　　9. A；　　10. C；
11. C；　 12. C；　 13. B；　 14. A；　 15. D；
16. C；　 17. B；　 18. A；　 19. B；　 20. B。

【解析】

1. B。本题考核的是开挖工程测量。两次独立测量同一区域的开挖工程量的差值小于5%（岩石）和7%（土方）时，可取中数作为最后值。

2. D。本题考核的是混凝土保护层最小厚度。混凝土保护层最小厚度表2。

表 2　混凝土保护层厚度

	构件类别	环境类别				
		一	二	三	四	五
1	板、墙	20	25	30	45	50
2	梁、柱、墩	30	35	45	55	60
3	截面厚度不小于2.5m的底板及墩墙	—	40	50	60	65

3. B。本题考核的是工程合理使用年限。穿堤建筑物应不低于所在堤防永久性水工建筑物级别。1级、2级永久性水工建筑物中闸门的合理使用年限应为50年，其他级别的永久性水工建筑物中闸门的合理使用年限应为30年。

4. A。本题考核的是建筑材料的应用条件。土坝（体）壳用土石料，常用于均质土坝的土料是砂质黏土和壤土，要求其应具有一定的抗渗性和强度，其渗透系数不宜大于$1×10^{-4}$cm/s；黏料含量一般为10%~30%；有机质含量（按重量计）不大于5%，易溶盐含量小于5%。

5. C。本题考核的是扬压力的计算。扬压力由渗透压力和浮托力组成。

渗透压力 = $\frac{1}{2}$×（3-2）×10×5 = 25kN。

浮托力 =（2-1）×10×5 = 50kN。

扬压力 = 50+25 = 75kN。

6. D。本题考核的是水流消能。底流消能是利用水跃消能，将泄水建筑物泄出的急流转变为缓流，以消除多余动能的消能方式。

7. A。本题考核的是固结灌浆。固结灌浆是用浆液灌入岩体裂隙或破碎带，以提高岩体的整体性和抗变形能力的灌浆。帷幕灌浆是用浆液灌入岩体或土层的裂隙、孔隙，形成防水幕，以减小渗流量或降低扬压力的灌浆。回填灌浆是用浆液填充混凝土与围岩或混凝土与钢板之间的空隙和孔洞,以增强围岩或结构的密实性的灌浆。接缝灌浆是通过埋设管路或其他方式将浆液灌入混凝土坝体的接缝,以改善传力条件增强坝体整体性的灌浆。

8. C。本题考核的是面板堆石坝的结构布置。面板堆石坝的结构布置如图 5 所示。

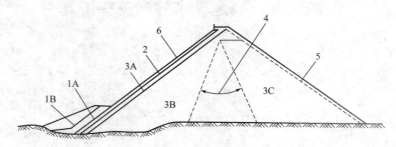

图 5 面板堆石坝的结构布置

1A—上游铺盖区;1B—压重区;2—垫层区;3A—过渡区;3B—主堆石区;3C—下游堆石区;
4—主堆石区和下游堆石区的可变界限;5—下游护坡;6—混凝土面板

9. A。本题考核的是水轮机的型号。HL220-LJ-500,表示转轮型号为 220 的混流式水轮机,立轴,金属蜗壳,转轮直径为 500cm。

10. C。本题考核的是高处作业。凡在坠落高度基准面 2m 和 2m 以上有可能坠落的高处进行作业,均称为高处作业。

高处作业的级别:高度在 2~5m 时为一级高处作业;高度在 5~15m 时为二级高处作业;高度在 15~30m 时为三级高处作业;30m 以上时为特级高处作业。

11. C。本题考核的是代建制。代建单位可根据代建合同约定,对项目的勘察、设计、监理、施工和设备、材料采购等依法组织招标,不得以代建为理由规避招标。

12. C。本题考核的是项目稽察问题的认定。根据工作深度认定稽察问题:如某项管理制度未建立、未编制等认定为"较重",制度不健全、内容不完整、缺少针对性等认定为"一般"。

13. B。本题考核的是合同问题。对于较重合同问题,项目法人方面主要有:未按要求严格审核分包人有关资质和业绩证明材料。

施工单位方面主要有以下:

(1) 签订的劳务合同不规范。

(2) 未按分包合同约定计量规则和时限进行计量。

(3) 未按分包合同约定及时、足额支付合同价款。

14. A。本题考核的是承包人违约引起的合同解除。《中华人民共和国民法典》第六百零六条规定,承包人将建设工程转包、违法分包的,发包人可以解除合同,合同解除后已经完成的建设工程质量合格的,发包人应当按照合同约定支付相应的工程价款。

15. D。本题考核的是质量缺陷的类型。质量缺陷分为一般质量缺陷、较重质量缺陷和严重质量缺陷。

16. C。本题考核的是指令标志。指令标志是强制人们必须做出某种动作或采取防范措施。指令标志的几何图形是圆形,蓝色背景,白色图形符号。蓝色传递必须遵守规定的指令性信息。

17. B。本题考核的是风险等级标准。将建设项目风险发生可能性等级与风险损失严重性等级组合后，水利水电工程建设风险评价等级分为四级，其风险等级标准的矩阵符合表3规定。

表3 风险等级标准的矩阵

损失等级 \ 可能性等级		A 轻微	B 较大	C 严重	D 很严重	E 灾难性
1	不可能	Ⅰ级	Ⅰ级	Ⅰ级	Ⅱ级	Ⅱ级
2	可能性极小	Ⅰ级	Ⅰ级	Ⅱ级	Ⅱ级	Ⅲ级
3	偶尔	Ⅰ级	Ⅱ级	Ⅱ级	Ⅲ级	Ⅳ级
4	有可能	Ⅰ级	Ⅱ级	Ⅲ级	Ⅲ级	Ⅳ级
5	经常	Ⅱ级	Ⅲ级	Ⅲ级	Ⅳ级	Ⅳ级

18. A。本题考核的是水电建设工程质量监督检查。根据《水电建设工程质量监督检查大纲》有关要求，质量监督一般采取巡视检查的工作，巡视检查主要分为：（1）阶段性质量监督检查；（2）专项质量监督检查；（3）随机抽查质量监督检查。

19. B。本题考核的是档案专项验收。项目法人在项目档案专项验收前，应组织参建单位对项目文件的收集、整理、归档与档案保管、利用等进行自检，并形成档案自检报告。自检达到验收标准后，向验收主持单位提出档案专项验收申请。

20. B。本题考核的是监理工程师的职责。监理工程师的职责之一：审批分部工程或分部工程部分工作的开工申请报告、施工措施计划、施工质量缺陷处理措施计划。

二、多项选择题

21. B、D；　　　　22. A、B、C、D；　　　　23. A、B、C、D；
24. A、D；　　　　25. A、C、D；　　　　　　26. A、B、D；
27. A、B、D；　　　28. A、B、D、E；　　　　29. A、C、D、E；
30. A、D。

【解析】

21. B、D。本题考核的是水工建筑物级别划分。水利枢纽工程水库大坝按规定为2级、3级的永久性水工建筑物，如坝高超过表4指标，其级别可提高一级，但洪水标准可不提高。

表4 水库大坝等级指标

级别	坝型	坝高(m)
2	土石坝	90
	混凝土坝、浆砌石坝	130
3	土石坝	70
	混凝土坝、浆砌石坝	100

22. A、B、C、D。本题考核的是水工建筑物渗流分析。渗流分析主要内容有：确定渗透压力；确定渗透坡降（或流速）；确定渗流量。对土石坝，还应确定浸润线的位置。

23. A、B、C、D。本题考核的是启闭机试验。启闭机试验分为：空运转试验，启闭机出厂前，在未安装钢丝绳和吊具的组装状态下进行的试验；空载试验，启闭机在无荷载状态下进行的运行试验和模拟操作；动载试验，启闭机在1.1倍额定荷载状态下进行的运行试验和操作，主要目的是检查起升机构、运行机构和制动器的工作性能；静载试验，启闭机在1.25倍额定荷载状态下进行的静态试验和操作，主要目的是检验启闭机各部件和金属结构的承载能力。

24. A、D。本题考核的是钢筋接头的一般要求。钢筋接头应分散布置，并应遵守下列规定：

（1）配置在同一截面内的下述受力钢筋，其接头的截面面积占受力钢筋总截面面积的百分率应满足下列要求：

① 闪光对焊、熔槽焊、接触电渣焊、窄间隙焊、气压焊接头在受弯构件的受拉区，不超过50%，受压区不受限制。

② 绑扎接头，在构件的受拉区不超过25%，在受压区不超过50%。

③ 机械连接接头，其接头分布应按设计文件规定执行，没有要求时，在受拉区不宜超过50%；在受压区或装配式构件中钢筋受力较小部位，Ⅰ级接头不受限制。

（2）若两根相邻的钢筋接头中距小于500mm，或两绑扎接头的中距在绑扎搭接长度以内，均作为同一截面处理。

（3）施工中分辨不清受拉区或受压区时，其接头的分布按受拉区处理。

（4）焊接与绑扎接头距钢筋弯起点不小于$10d$，也不应位于最大弯矩处。

25. A、C、D。本题考核的是堤身填筑作业面的要求。选项B错误，地面起伏不平时，应按水平分层由低处开始逐层填筑，不得顺坡铺填。选项E错误，碾压行走方向，应平行于堤轴线。

26. A、B、D。本题考核的是责任人质量终身责任追究管理。符合下列情形之一的，县级以上人民政府水行政主管部门应当依法追究责任单位、责任人的质量终身责任：

（1）发生工程质量事故；

（2）发生投诉、举报、群体性事件、媒体负面报道等情形，并造成恶劣社会影响的严重工程质量问题；

（3）由于勘察、设计或施工原因造成尚在合理使用年限内的水利工程不能正常使用或在洪水防御、抗震等设计标准范围内不能正常发挥作用；

（4）存在其他需追究责任的违法违规行为。

发生上述所列情形之一的，对相关责任单位、责任人按以下方式进行责任追究：

（1）责任人为依法履行公职的人员，将违法违规相关材料移交其上级主管部门及纪检监察部门。

（2）责任人为相关注册执业人员的，责令停止执业1年；造成重大质量事故的，吊销执业资格证书，5年以内不予注册；情节特别恶劣的，终身不予注册。

（3）依照有关规定，给予单位罚款处罚的，对责任人处单位罚款数额5%以上10%以下的罚款。

（4）涉嫌犯罪的，移送司法机关。

27. A、B、D。本题考核的是文明工地的申报。申报文明工地的项目，原则上是以项目建设管理单位所管辖的一个工程项目或其中的一个或几个标段为单位的工程项目（或标段）为一个文明建设工地。

28. A、B、D、E。本题考核的是环保设施验收。验收工作组可以由设计单位、施工单位、环境影响报告书（表）编制机构、验收监测（调查）报告编制机构等单位代表以及专业技术专家等组成，代表范围和人数自定。

29. A、C、D、E。本题考核的是计量支付。

（1）砌筑工程的砂浆、拉结筋、垫层、排水管、止水设施、伸缩缝、沉降缝及埋设件等费用，包含在《工程量清单》相应砌筑项目有效工程量的每立方米工程单价中，发包人不另行支付。

（2）承包人按合同要求完成砌体建筑物的基础清理和施工排水等工作所需的费用，包含在《工程量清单》相应砌筑项目有效工程量的每立方米工程单价中，发包人不另行支付。

30. A、D。本题考核的是《中华人民共和国水法》的规定。选项B错误，《中华人民共和国水法》第七条规定，国家对水资源依法实行取水许可制度和有偿使用制度。但是农村集体经济组织及其成员使用本集体经济组织的水塘、水库中的水除外。选项C错误，《中华人民共和国水法》第四十三条规定，在水工程保护范围内，禁止从事影响水工程运行和危害水工程安全的爆破、打井、采石、取土等活动。选项E错误，《土地管理法》第五十一条规定，建设单位应当根据安置地区的环境容量和可持续发展的原则，因地制宜，编制移民安置规划，经依法批准后，由有关地方人民政府组织实施。所需移民经费列入工程建设投资计划。《大中型水利水电工程建设征地补偿和移民安置条例》指出，移民安置工作实行政府领导、分级负责、县为基础、项目法人参与的管理体制。

三、实务操作和案例分析题

（一）

1. 工程导流围堰的建筑物级别为4级。

图2中A、B、C、D所代表的构造名称分别为：A—水平铺盖；B—黏土斜墙；C—反滤层；D—护面。

2. 除碾压机具的重量、土料含水率外，土料填筑压实参数还包括：碾压遍数、铺料厚度、振动碾的振动频率及行走速率。

黏土斜墙的压实度为：（1.71÷1.80）×100%＝95%。

3. 可直接判定重大事故隐患的有：（1）、（2）、（4）项。

4. 根据《水利部生产安全事故应急预案（试行）》，生产安全事故共分为：特别重大事故、重大事故、较大事故、一般事故4个等级；事件3中的事故等级为较大事故。

工作桥梁板混凝土强度应达到设计强度标准值的100%方可拆模。

（二）

1. 施工进度计划网络图中的关键线路为①→②→③→⑧→⑨，工期为50+10+160+14＝234d。

2. 对施工组织设计文件内容（2）（3）中不妥之处的改正如下：

改正一：

（2）当日平均气温连续5d稳定在5℃以下或最低气温连续5d稳定在-3℃以下时，按低温季节组织混凝土施工。预热混凝土制备，首先考虑热水拌合，不能满足要求时可考虑加热集料，胶凝材料不应直接加热。

改正二：

（3）施工临时用水量，按照日高峰生产和生活用水量计算，按消防用水量校核。

3. 施工组织设计文件内容（4）中的不妥之处：现场设置一个电源。

理由：基坑排水主要设备为一类负荷，故工地应设两个以上电源（或自备电源）。

4. 承包人提出的工期索赔合理。

理由：异常恶劣的气候条件下应合理延长工期。鱼道箱涵工作为关键工作。

（三）

1.（1）事件1中，招标人不退还投标人甲投标保证金的做法不妥。

理由：投标人甲拒绝延长投标有效期有权收回投标保证金或（招标人无权没收投标保证金）。

（2）投标保证金不予退还的情形：投标人在规定的投标有效期内撤销或修改其投标文件；中标人在收到中标通知书后，无正当理由拒签合同协议书或未按招标文件规定提交履约担保。

2. 事件2中，招标人取消投标人乙第一中标候选人资格并确定投标人丙为中标人，应当有充足的理由，并按照项目管理权限向行政主管部门备案。

取消第一中标候选人资格的情形还有：排名第一的中标候选人放弃中标、因不可抗力不能履行合同、不提交履约担保、被查实存在影响中标结果的违法行为。

3. 事件3中，文件编号2~7分别对应的解释合同的优先次序序号是：2—七、3—六、4—二、5—五、6—三、7—四。

4. 开设农民工工资专用账户，专项用于支付该工程建设项目农民工工资。

施工单位丙申请注销农民工工资专用账户的条件：工程完工，未拖欠农民工工资，公示30日后，可以提出申请。

申请注销后账户内的余额归施工单位丙所有。

（四）

1. 工程的规模、等别及碾压混凝土坝和围堰的建筑物级别的判别如下。

（1）工程规模：中型；

（2）工程等别：Ⅲ等；

（3）碾压混凝土坝级别：3级；

（4）围堰级别：5级。

2. 根据施工期挡、泄水建筑物的不同，一次拦断河床围堰导流程序可分为初期、中期和后期导流三个阶段。

3. 围堰堰顶安全加高下限值为0.5m，则围堰堰顶高程 = 159+0.3+0.5 = 159.8m。

与Ⅲ类围岩适应的支护类型：喷混凝土、系统锚杆加钢筋网。

与Ⅴ类围岩适应的支护类型：管棚、喷混凝土、系统锚杆、钢构架，必要时进行二次支护。

4. 监理工程师应提出更换心墙填筑料。

理由：防渗体土料渗透系数不宜大于 1.0×10^{-5} cm/s。

5. 事件3中的不妥之处：第25个工作日决定同意阶段验收。

理由：验收主持单位应自收到验收申请报告之日起20个工作日内决定是否同意进行阶段验收。

除阶段验收主持单位和有关专家外，阶段验收委员会的组成还包括：质量和安全监督机构、运行管理单位的代表。

6. 事件4中的不妥之处：碾压厚度75cm。

理由：RCC工法碾压厚度通常为30cm。

碾压参数包含：碾压遍数及振动碾行走速度。

采用核子密度仪测定湿密度和压实度时，对检测点布置和数量以及检测时间的要求：每铺筑碾压混凝土100~200m²，至少应有一个检测点，每层应有3个以上检测点，检测宜在压实后1h内进行。

（五）

1. 主泵房相关工作的施工顺序：⑩→③→②→⑦→⑨→⑥→⑫。
2. 对工程是否需要采取降低承压水措施的计算及判断如下。

$$K = \frac{H_2 \times r_s}{(H_1 + H_2) \times r_水}$$

$$= \frac{19.3 \times 18}{(12 + 19.3) \times 10}$$

$$= 1.11$$

大于安全系数1.10，不需要降低承压水。

3. 老堤加高培厚土方施工的主要施工工序：

(1) 清除接触面杂物（或清理建基面）；

(2) 老堤坡处挖成台阶状；

(3) 分层铺土（或分层填筑）；

(4) 分层压实。

4. 除事件3所列情形外，疏浚工程应分层施工的情形还有：

(1) 疏浚区泥层厚度大于挖泥船一次可能疏挖的厚度；

(2) 工程对边坡质量要求较高（或复式边坡）；

(3) 疏浚区垂直方向土质变化较大，（或需更换挖泥机具，或对不同土质存放有不同要求）；

(4) 合同要求分期达到设计深度。

分层施工应遵循的原则：上层厚、下层薄。

5. 对进水池底板混凝土的强度及抗渗性能的检测费用由建设单位（或甲方或项目法人）支付。

检测方法包括：无损检查法、钻孔取芯、压水试验。

6. 对分部工程验收结论的完善：原材料质量合格，中间产品质量全部合格，混凝土（砂浆）试件质量达到优良等级（当试件组数小于30时，试件质量合格），未发生质量事故。

2021 年度全国一级建造师执业资格考试

《水利水电工程管理与实务》
真题及解析

学习遇到问题？
扫码在线答疑

2021 年度《水利水电工程管理与实务》真题

一、单项选择题（共 20 题，每题 1 分。每题的备选项中，只有 1 个最符合题意）

1. 吹填工程施工时，适宜采用顺流施工法的船型是（　　）。
   A. 抓斗船　　　　　　　　　　　B. 链斗船
   C. 铲斗船　　　　　　　　　　　D. 绞吸船

2. 关于混凝土坝水力荷载的说法，正确的是（　　）。
   A. 扬压力分布图为矩形
   B. 坝基设置排水孔可以降低扬压力
   C. 水流流速变化时，对坝体产生动水压力
   D. 设计洪水时的静水压力属于偶然作用荷载

3. 水泥砂浆的流动性用（　　）表示。
   A. 沉入度　　　　　　　　　　　B. 坍落度
   C. 分层度　　　　　　　　　　　D. 针入度

4. 均质土围堰填筑材料渗透系数不宜大于（　　）cm/s。
   A. $1×10^{-2}$　　　　　　　　　　B. $1×10^{-3}$
   C. $1×10^{-4}$　　　　　　　　　　D. $1×10^{-5}$

5. 防渗墙质量检查程序除墙体质量检查外，还有（　　）质量检查。
   A. 工序　　　　　　　　　　　　B. 单元工程
   C. 分部工程　　　　　　　　　　D. 单位工程

6. 图 1 为土料压实作用外力示意图（p 压力，t 时间），对应的碾压设备是（　　）。
   A. 气胎碾
   B. 夯板
   C. 振动碾
   D. 强夯机

   图 1　土料压实作用外力示意图

7. 工程等别为 Ⅱ 等的水电站工程，其主要建筑物与次要建筑物的级别分别为（　　）。
   A. 1 级、2 级　　　　　　　　　　B. 2 级、3 级
   C. 3 级、4 级　　　　　　　　　　D. 4 级、5 级

8. 混凝土铺料允许间隔时间是指（　　）。

A. 混凝土初凝时间
B. 混凝土自拌合楼出机口到覆盖上层混凝土为止的时间
C. 混凝土自拌合到开始上层混凝土铺料的时间
D. 混凝土入仓铺料完成的时间

9. 下列普通钢筋的表示方式中，表示机械连接的钢筋接头的是（　　）。

A. C. D.

10. 疏浚工程完工验收后，项目法人与施工单位完成工程交接工作的时间应控制在（　　）个工作日内。
A. 7 B. 14
C. 30 D. 60

11. 根据《水电工程建筑工程概算定额》（2007年版），基本直接费包括（　　）。
A. 人工费、材料费、施工机械使用费、现场经费
B. 人工费、材料费、施工机械使用费
C. 人工费、材料费、施工机械使用费、利润
D. 人工费、材料费、设备费、施工管理费

12. 纳入水利PPP项目库的项目，其项目合作期不低于（　　）年。
A. 5 B. 6
C. 8 D. 10

13. 根据《水利建设市场主体信用评价管理办法》（水建设〔2019〕307号），信用等级为A的企业，其信用状况为（　　）。
A. 信用良好 B. 信用较好
C. 信用好 D. 信用很好

14. 水利工程档案保管期限分为（　　）种。
A. 二 B. 三
C. 四 D. 五

15. 水利工程见证取样资料应由（　　）制备。
A. 项目法人 B. 监理单位
C. 施工单位 D. 质量监督部门

16. 水库防洪库容是指防洪限制水位与（　　）之间的水库容积。
A. 校核洪水位 B. 设计洪水位
C. 正常蓄水位 D. 防洪高水位

17. 根据《水利工程施工监理规范》SL 288—2014，监理机构对土方试样平行检测的数量不应少于承包人检测数量的（　　）。
A. 3% B. 5%
C. 7% D. 10%

18. 根据《水工建筑物滑动模板施工技术规范》SL 32—2014，运输人员的提升设备所使用钢丝绳的安全系数不应小于（　　）。

A. 3 B. 5
C. 8 D. 12

19. 根据《水利水电工程施工质量检验与评定规程》SL 176—2007，中型水利工程外观质量评定组人数不应少于（　　）人。

A. 3 B. 5
C. 7 D. 9

20. 根据《水电水利工程施工监理规范》DL/T 5111—2012，第一次工地会议由（　　）主持。

A. 总监理工程师
B. 总监理工程师和业主联合
C. 总监理工程师、业主、设计联合
D. 总监理工程师、业主、设计、施工联合

二、多项选择题（共10题，每题2分。每题的备选项中，有2个或2个以上符合题意，至少有1个错项。错选，本题不得分；少选，所选的每个选项得0.5分）

21. 下列地形图比例尺中，属于中比例尺的有（　　）。

A. 1：500 B. 1：2000
C. 1：25000 D. 1：50000
E. 1：250000

22. 属于土石坝坝面作业施工工序的有（　　）等。

A. 整平 B. 洒水
C. 压实 D. 质检
E. 剔除超径石块

23. 关于土石坝施工的说法，正确的有（　　）。

A. 进占法时，自卸汽车与推土机不在同一高程
B. 后退法时，自卸汽车与推土机在同一高程
C. 垫层料的摊铺宜采用后退法
D. 堆石料碾压采用羊脚碾
E. 石料粒径不应超过压实层厚度

24. 截流工程施工时，可改善龙口水力条件的措施有（　　）。

A. 单戗截流 B. 双戗截流
C. 三戗截流 D. 宽戗截流
E. 平抛垫底

25. 关于混凝土浇筑与养护的说法，正确的有（　　）。

A. 施工缝凿毛处理是将混凝土表面乳皮清除，使表面石子半露
B. 平铺法铺料厚度不小于20cm
C. 台阶法铺料厚度不小于30cm
D. 斜层浇筑法斜层坡度不大于15°
E. 混凝土养护时间不宜少于14d

26. 水利建设项目后评价的主要内容包括（　　）等。

A. 过程评价 B. 质量评价

C. 经济评价 D. 社会影响评价
E. 综合评价

27. 根据《水利工程建设质量与安全生产监督检查办法（试行）》，对需要进行质量问题性质认定的质量缺陷，可采取的鉴定方法包括（　　）。
   A. 常规鉴定 B. 委托鉴定
   C. 权威鉴定 D. 平行鉴定
   E. 第三方鉴定

28. 根据《水利部关于印发〈水利工程勘测设计失误问责办法（试行）〉的通知》（水总〔2020〕33号），对责任单位的问责方式包括（　　）等。
   A. 书面检查 B. 责令整改
   C. 警示约谈 D. 通报批评
   E. 建议责令停业整顿

29. 关于水利工程安全鉴定说法，正确的有（　　）。
   A. 水闸首次安全鉴定应在竣工验收后5年内进行
   B. 水闸安全类别划分为三类
   C. 大坝安全类别划分为三类
   D. 水库蓄水验收前，必须进行蓄水安全鉴定
   E. 水库蓄水安全鉴定，由工程验收单位组织实施

30. 根据《大中型水利水电工程建设征地补偿和移民安置条例》（国务院令第471号），关于水利水电工程征地补偿和移民安置的说法，正确的有（　　）。
   A. 移民安置采取前期补偿、补助与后期扶持相结合的办法
   B. 移民安置工作实行项目法人责任制
   C. 属于国家重点扶持的项目，其用地可以以划拨方式取得
   D. 土地补偿费和安置补助费与铁路项目同等标准
   E. 征地补偿费直接全额兑付给移民

三、实务操作和案例分析题（共5题，（一）、（二）、（三）题各20分，（四）、（五）题各30分）

（一）

背景资料：

某水电枢纽工程包括混凝土面板堆石坝、溢洪道、地下厂房等，其中混凝土面板堆石坝坝高208m，坝顶全长630m，水库总库容$85×10^8 m^3$。堆石坝坝体分区示意图如图2所示。

施工单位编制了施工组织设计，有关内容和要求如下：

1. 堆石坝坝体填筑料中的堆石材料应满足抗压强度等方面质量要求。
2. 现场通过碾压试验确定碾压机具的重量等坝体填筑压实参数。
3. 各分区坝料压实后检查项目和取样频次应符合相关规范要求。
4. 为确保面板施工质量，围绕混凝土面板分块、垂直砂浆条铺设、止水片安装等主要作业内容进行相应组织和安排。

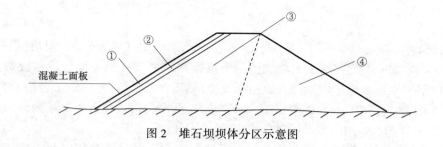

图 2　堆石坝坝体分区示意图

问题：
1. 分别指出图 2 中①、②、③、④对应的坝体分区名称。
2. 除抗压强度外，堆石材料的质量要求还涉及哪些方面？
3. 除碾压机具的重量外，堆石坝坝体填筑的压实参数还包括哪些？
4. 堆石坝中堆石料的压实检查项目有哪些？相应取样频次是如何规定的？
5. 除背景资料所列内容外，混凝土面板施工的主要作业内容还有哪些？

(二)

背景资料:

某水库除险加固工程包括土石坝加固、溢洪道闸门更换及相关设施设备改造。发包人与承包人依据《水利水电工程标准施工招标文件》(2009年版)签订施工合同,合同约定:(1)合同工期240d,2018年10月15日开工;(2)新闸门由发包人负责采购,2019年4月10日运抵施工现场,新闸门安装调试于2019年5月15日完工。

由承包人编制并经监理人批准的施工进度计划如图3所示(单位:d;每月按30d计;节点①最早时间按2018年10月14日末计)。

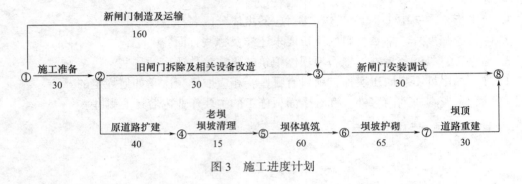

图3 施工进度计划

施工中发生了如下事件:

事件1:由于征地拆迁未按合同约定时间完成,导致"老坝坝坡清理"于2019年1月25日才能开始。为保证安全度汛,监理人要求承包人采取赶工措施,确保工程按期完成。承包人为此提出了土石坝加固后续工作的赶工方案:

第一步,将"坝体填筑"和"坝坡护砌"各划分为2个施工段组织流水施工,按施工段Ⅰ、施工段Ⅱ依次进行,各工作持续时间见表1,其他工作逻辑关系不变。

第二步,按照费用增加最少原则,根据表1进行工期优化,其他工作均不做调整。承包人向监理人提交了调整后的进度计划及赶工措施,报监理人审批后实施。

表1 土石坝加固后续工作时间—赶工费用

工作代码	工作名称	持续时间(d)	最短持续时间(d)	赶工费用(万元/d)
B	老坝坝坡清理	15	15	—
C1	坝体填筑Ⅰ	35	34	1.5
C2	坝体填筑Ⅱ	25	23	1
D1	坝坡护砌Ⅰ	35	33	2.5
D2	坝坡护砌Ⅱ	30	29	2
E	坝顶道路重建	30	28	1.8

事件2:新闸门于2019年3月18日运抵施工现场,有关人员进行了交货检查和验收,核对了制造厂名和产品名称等闸门标志内容。承包人负责新闸门的保管,新闸门提前运抵现场期间发生保管费用3万元。

事件3:为保证闸门安装调试工作顺利进行,在闸门及埋件安装前,承包人按有关规范要求核验了设计图样、施工图样和技术文件；发货清单、到货验收文件及装配编号图等资料。

问题：
1. 根据事件1，绘制优化后的土石坝加固后续工作的施工进度网络计划图（用工作代码表示），计算赶工费用。
2. 综合事件1、2，承包人可向发包人提出的补偿金额是多少？说明理由。
3. 事件2中，除制造厂名和产品名称外，新闸门标志内容还应有哪些？
4. 除事件3所列核验资料外，承包人还应核验哪些资料？

（三）

背景资料：

某水库枢纽工程包括混凝土重力拱坝（坝高71m）、导流洞（洞径8m，长度1350m）。本工程施工划分为导流洞、大坝两个标段，招标代理机构根据《水利水电工程标准施工招标文件》（2009年版）编制了招标文件。在招标及实施期间发生了以下事件：

事件1：招标代理机构初步拟定的招标工作计划见表2。

表2　招标工作计划

序号	工作事项	时间节点
1	发售招标文件	2018年4月6日至4月9日
2	发出招标文件澄清修改通知	2018年4月12日
3	递交投标文件截止时间	2018年4月23日上午10:00
4	开标	2018年4月23日下午3:00

事件2：招标代理机构拟定了投标人资质及业绩要求：大坝标段投标人资质要求为水利水电工程施工总承包一级及以上，导流洞标段投标人资质要求为水利水电工程施工总承包二级及以上；投标人近5年内完成的类似项目业绩至少有两项，并提供相关业绩证明材料。

事件3：对导流洞标段进行合同检查过程中，检查单位根据《水利工程合同监督检查办法（试行）》，发现下列问题：（1）承包人派驻施工现场的主要管理人员中，财务负责人和质量负责人不是本单位人员。（2）导流洞衬砌劳务分包商除计取劳务作业费用外，还计取了钢筋、水泥、砂石料费用和混凝土拌合运输费用。

问题：

1. 指出表2中时间节点的错误之处（以招标文件发售开始时间为准），说明理由。
2. 指出事件2中资质要求的错误之处，说明理由。投标人业绩应附哪些证明材料？
3. 根据水利工程施工分包管理相关规定，事件3中检查单位发现的两个问题分别属于哪种违法行为？说明理由。
4. 水利工程合同问题按严重程度分为哪几类？事件3中检查单位发现的合同问题（2）属于其中哪一类？

（四）

背景资料：

某水利枢纽工程包括大坝、溢洪道、厂房等，大坝施工期上下游设土质围堰。施工过程中发生了如下事件：

事件1：某雨天施工过程中，一名工人从15m高处坠落到地面，当场死亡。事故发生后，施工单位根据《水利部生产安全事故应急预案（试行）》（水安监〔2016〕443号）规定，立即向有关单位电话报告了事故发生时间、具体地点、事故已造成人员伤亡、失踪人数等情况。经调查，工人佩戴的安全带皮带接头断裂，系因施工前未对安全带的皮带等部位进行检查所致；施工单位作业前没有按施工安全管理相关规定制订有关高处作业专项安全技术措施。

事件2：施工期间，民爆公司炸药配送车行驶到该工程工区内时出现机械故障，施工单位随即安排汽车将炸药倒运至大坝填筑料场爆破作业面。根据汽车运输爆破器材相关规定，运输爆破器材的汽车，排气管应设在车前下侧，并设置防火罩等装置，工区内行驶时速不超过15km。

事件3：根据工程施工总进度计划安排，围堰施工及运行期为3年。根据《大中型水电工程建设风险管理规范》GB/T 50927—2013，风险处置方法选用的原则见表3，施工单位评估了围堰施工的风险并为围堰工程购买了保险。

表3 大中型水电工程建设风险处置方法应采用的原则

序号	风险损失程度	风险发生概率	风险处置方法
1	损失大	概率大	D
2	损失小	概率大	E
3	损失大	概率小	F
4	损失小	概率小	G
5	有利于工程项目目标的风险		H

问题：

1. 指出事件1中高处作业所属的级别、种类及具体类别。根据施工安全管理相关规定，哪些级别和类别的高处作业应事先制订专项安全技术措施？

2. 事件1中，除皮带外，安全带检查还包括哪些内容？安全带的检查试验周期是如何规定的？

3. 除事件1所列内容外，事故电话快报还应包括哪些内容？判断该起事故的等级。

4. 根据汽车运输爆破器材相关规定，除事件2所列内容外，对行车速度和行车间距还有哪些具体规定？

5. 写出事件3中D、E、F、G、H分别代表的风险处置方法。针对围堰工程，施工单位采取的是哪种风险处置方法？

（五）

背景资料：

某泵站工程主要由泵房、进出水建筑物及拦污栅闸等组成，泵房底板底高程为13.50m，泵房底板靠近出水池侧设高压喷射灌浆防渗墙，启闭机房悬臂梁跨度为1.5m，交通桥连续梁跨度8m。

该工程地面高程31.00m，基坑采用放坡开挖，施工单位采取了设置合理坡度等防止边坡失稳的措施，泵房基坑开挖示意图如图4所示。粉砂层渗透系数约为2.0m/d。

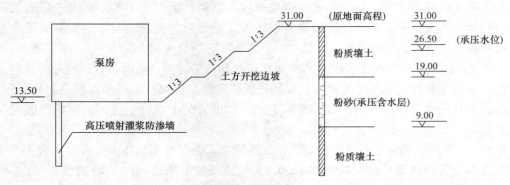

图4 泵房基坑开挖示意图（单位：m）

高压喷射灌浆防渗墙施工完成后，施工单位根据《水利水电工程单元工程施工质量验收评定标准—地基处理与基础工程》SL 633—2012对高压喷射灌浆防渗墙单孔的施工质量逐孔进行了施工质量等级评定，并经过监理单位审核签字，其单元工程施工质量验收评定表（部分）见表4。

表4 高压喷射灌浆防渗墙单元工程施工质量验收评定表（部分）

单位工程名称	××				单元工程量				××	
分部工程名称	××				施工单位				××	
单元工程名称、部位	××				施工日期				×年×月×日—×年×月×日	
孔号	1	2	3	4	5	6	7	8	9	10	…
单孔(桩、墙)质量验收评定等级	优良	合格	优良	优良	优良	合格	优良	优良	合格	优良	…

本单元工程内共有40孔，全部合格，其中优良28孔，优良率 <u>A</u> %

<u>B</u>	1	设计要求28d无侧限抗压强度大于1.0MPa，实际检测1.2MPa
	2	设计要求渗透系数小于5×10⁻⁶cm/s，实际检测3.5×10⁻⁶cm/s
施工单位自评意见	<u>B</u> 符合 <u>C</u> 要求，40孔(桩、槽)100%合格，其中优良孔占 <u>A</u> % 单元工程质量等级评定为 <u>D</u>	
	（签字、加盖公章）×年×月×日	

2019年5月30日，进行了泵站单位工程验收，验收依据为《水利水电建设工程验收规程》SL 223—2008。在验收过程中发生了如下事件：

（1）项目法人委托监理单位主持泵站的单位工程验收。

（2）验收工作组由项目法人、勘测、设计、监理、施工、主要设备制造（供应）商、运行管理等单位的代表组成，还邀请了上述单位以外的专家参加。

（3）项目法人提前13d向质量和安全监督机构送达了泵站单位工程验收的通知，验收时现场未见质量和安全监督机构工作人员。

（4）泵站单位工程验收后，项目法人在规定的时间内将验收质量结论和相关资料报质量和安全监督机构进行了核备。

问题：

1. 在基坑施工中为防止边坡失稳，保证施工安全，除设置合理坡度外，还可采取的措施有哪些？

2. 水利工程基坑土方开挖中，人工降低地下水位常用的方式有哪些？本工程泵房基坑人工降低地下水位采用哪种方式较合理？说明理由。

3. 高压喷射灌浆防渗墙的防渗性能检查通常采用哪些方法？分别说明其适用条件。

4. 指出表4中A、B、C、D分别代表的内容或数字。

5. 根据《水工混凝土施工规范》SL 677—2014，分别写出拦污栅闸墩侧面模板、启闭机房悬臂梁底模板、交通桥连续梁底模板拆除的期限。

6. 指出泵站单位工程验收中的错误之处，并提出正确做法。

2021年度真题参考答案及解析

一、单项选择题

1. A；　　2. B；　　3. A；　　4. C；　　5. A；
6. A；　　7. B；　　8. B；　　9. D；　　10. C；
11. B；　　12. D；　　13. B；　　14. B；　　15. C；
16. D；　　17. B；　　18. D；　　19. B；　　20. B。

【解析】

1. A。本题考核的是吹填工程的施工方法。疏浚工程宜采用顺流开挖方式。吹填工程施工除抓斗船采用顺流施工法外，其他船型应采用逆流施工法。

2. B。本题考核的是混凝土坝水力荷载的规定。选项A错误，扬压力分布图形按三种情况确定。水流流速和方向改变时，对建筑物过流面产生动水压力，故选项C错误。可变作用荷载包括：静水压力、扬压力、动水压力、水锤压力、浪压力、外水压力、风荷载、雪荷载、冰压力、冻胀力、温度荷载、土壤孔隙水压力、灌浆压力等；偶然作用荷载包括：地震作用、校核洪水位时的静水压力，故选项D错误。

3. A。本题考核的是水泥砂浆的技术指标。水泥砂浆的技术指标包括流动性和保水性两个方面。流动性常用沉入度表示。

4. C。本题考核的是土石围堰填筑材料要求。土石围堰填筑材料应符合下列要求：（1）均质土围堰填筑材料渗透系数不宜大于 $1×10^{-4}$ m/s；防渗体土料渗透系数不宜大于 $1×10^{-5}$ m/s。（2）心墙或斜墙土石围堰堰壳填筑料渗透系数宜大于 $1×10^{-3}$ cm/s，可采用天然砂卵石或石渣。（3）围堰堆石体水下部分不宜采用软化系数值大于0.7的石料。

5. A。本题考核的是防渗墙质量检查。防渗墙质量检查程序应包括工序质量检查和墙体质量检查。

6. A。本题考核的是压实机械。本题中土料压实作用外力示意图为静压碾压，碾压设备有羊角碾、气胎碾。

7. B。本题考核的是永久性水工建筑物级别。水库及水电站工程的永久水工建筑物的级别，根据工程的等别或永久性水工建筑物的分级指标划分为五级，见表5。

表5　永久水工建筑物级别

工程等别	主要建筑物	次要建筑物	工程等别	主要建筑物	次要建筑物
Ⅰ	1	3	Ⅳ	4	5
Ⅱ	2	3	Ⅴ	5	5
Ⅲ	3	4	—	—	—

8. B。本题考核的是铺料间隔时间的含义。混凝土铺料允许间隔时间，指混凝土自拌合楼出机口到覆盖上层混凝土为止的时间，主要受混凝土初凝时间和混凝土温控要求的

限制。

9. D。本题考核的是普通钢筋的表示方法。选项 A 为半圆形弯钩的钢筋搭接；选项 B 为带直钩的钢筋搭接；选项 C 为无弯钩的钢筋搭接。

10. C。本题考核的是疏浚工程质量控制。疏浚工程完工验收后，项目法人应与施工单位在 30 个工作日内由专人负责工程的交接工作，交接过程应有完整的文字记录，双方交接负责人签字。

11. B。本题考核的是基本直接费的内容。基本直接费包括人工费、材料费和施工机械使用费。

12. D。本题考核的是水利 PPP 项目库中项目合作期。项目合作期低于 10 年及没有现金流，或通过保底承诺、回购安排等方式违法违规融资、变相举债的项目、不纳入 PPP 项目库。

13. B。本题考核的是水利建设市场主体信用等级评价。信用等级分为 AAA（信用很好）、AA（信用良好）、A（信用较好）、B（信用一般）和 C（信用较差）等五级。

14. B。本题考核的是水利工程档案保管期限。水利工程档案的保管期限分为永久、长期、短期三种。长期档案的实际保存期限，不得短于工程的实际寿命。

15. C。本题考核的是见证取样资料的制备。见证取样资料由施工单位制备，记录应真实齐全，参与见证取样人员应在相关文件上签字。

16. D。本题考核的是防洪库容的概念。防洪库容指防洪高水位至防洪限制水位之间的水库容积。调洪库容指校核洪水位至防洪限制水位之间的水库容积。兴利库容指正常蓄水位至死水位之间的水库容积。

17. B。本题考核的是施工实施阶段监理工作的基本内容。监理机构可采用跟踪检测、平行检测方法对承包人的检验结果进行复核。平行检测的检测数量，混凝土试样不应少于承包人检测数量的 3%，重要部位每种标号的混凝土最少取样 1 组；土方试样不应少于承包人检测数量的 5%；重要部位至少取样 3 组；跟踪检测的检测数量，混凝土试样不应少于承包人检测数量的 7%，土方试样不应少于承包人检测数量的 10%。

18. D。本题考核的是混凝土工程施工技术要求。施工升降机应有可靠的安全保护装置，运输人员的提升设备的钢丝绳的安全系数不应小于 12，同时，应设置两套互相独立的防坠落保护装置，形成并联的保险。极限开关也应设置两套。

19. B。本题考核的是新规程有关施工质量评定工作的组织要求。单位工程完工后，项目法人组织监理、设计、施工及工程运行管理等单位组成工程外观质量评定组，进行工程外观质量检验评定并将评定结论报工程质量监督机构核定。参加工程外观质量评定的人员应具有工程师以上技术职称或相应执业资格评定组人数应不少于 5 人，大型工程宜不少于 7 人。

20. B。本题考核的是第一次工地会议的主持。第一次工地会议由总监理工程师和业主联合主持召开，邀请承建单位的授权代表和设计方代表参加，必要时也可邀请主要分包单位代表参加。

二、多项选择题

21. C、D；   22. A、B、C、D；   23. C、E；
24. B、C、D、E；   25. A、C；   26. A、C、D、E；

27. A、C； 28. B、C、D、E； 29. A、C、D；
30. A、C、D。

【解析】

21. C、D。本题考核的是地图的比例尺及比例尺精度。地形图比例尺分为三类：1∶500、1∶1000、1∶2000、1∶5000、1∶10000为大比例尺地形图；1∶25000、1∶50000、1∶100000为中比例尺地形图；1∶250000、1∶500000、1∶1000000为小比例尺地形图。

22. A、B、C、D。本题考核的是土石坝坝面作业施工工序。根据施工方法、施工条件及土石料性质的不同，坝面作业施工程序包括铺料、整平、洒水、压实（对于黏性土料采用平碾，压实后尚需刨毛以保证层间结合的质量）、质检等工序。

23. C、E。本题考核的是坝体填筑施工要求。坝体堆石料铺筑宜采用进占法，必要时可采用自卸汽车后退法与进占法结合卸料，应及时平料，并保持填筑面平整，每层铺料后宜测量检查铺料厚度，发现超厚应及时处理。后退法的优点是汽车可在压平的坝面上行驶，减轻轮胎磨损；缺点是推土机摊平工作量大，且影响施工进度，故选项A、B错误。垫料层的摊铺多用后退法，以减轻物料的分离，故选项C正确。坝体堆石料碾压应采用振动平碾，羊角碾属于静压碾压设备，故选项D错误。石料粒径不应超过压实层厚度，故选项E正确。

24. B、C、D、E。本题考核的是改善龙口水力条件。龙口水力条件是影响截流的重要因素，改善龙口水力条件的措施有双戗截流、三戗截流、宽戗截流、平抛垫底等。

25. A、C。本题考核的是混凝土浇筑与养护。在新混凝土浇筑前，应当采用适当的方法（高压水枪、风沙枪、风镐、钢刷机、人工凿毛等）将老混凝土表面含游离石灰的水泥膜（乳皮）清除，并使表层石子半露，形成有利于层间结合的麻面。对纵缝表面可不凿毛，但应冲洗干净，以利灌浆，故选项A正确。平铺法和台阶法铺料厚度30~50cm，故选项B错误，选项C正确。斜层浇筑法斜层坡度不超过10°，故选项D错误。混凝土养护时间，不宜少于28d，有特殊要求的部位宜延长养护时间（至少28d），故选项E错误。

26. A、C、D、E。本题考核的是项目后评价的主要内容。项目后评价的主要内容：(1)过程评价：前期工作、建设实施、运行管理等。(2)经济评价：财务评价、国民经济评价等。(3)社会影响及移民安置评价：社会影响和移民安置规划实施及效果等。(4)环境影响及水土保持评价：工程影响区主要生态环境、水土流失问题、环境保护、水土保持措施执行情况，环境影响情况等。(5)目标和可持续性评价：项目目标的实现程度及可持续性的评价等。(6)综合评价：对项目实施成功程度的综合评价。

27. A、C。本题考核的是水利工程建设质量监督检查。对需要进行质量问题鉴定的质量缺陷，可进行常规鉴定或权威鉴定。

28. B、C、D、E。本题考核的是水利工程勘测设计失误对责任单位的问责方式。水利工程勘测设计失误对责任单位的问责方式包括：(1)责令整改。(2)警示约谈。(3)通报批评。(4)建议责令停业整顿。(5)建议降低资质等级。(6)建议吊销资质证书。

29. A、C、D。本题考核的是水利工程安全鉴定。水闸首次安全鉴定应在竣工验收后5年内进行，以后应每隔10年进行一次全面安全鉴定，故选项A正确。水闸安全类别划分为四类，故选项B错误。大坝（包括永久性挡水建筑物以及与其配合运用的泄洪、输水和过船等建筑物）安全状况分为三类，故选项C正确。在水库蓄水验收前，必须进行蓄水安全鉴定，故选项D正确。蓄水安全鉴定由项目法人负责组织实施，故选项E错误。

30. A、C、D。本题考核的是水利水电工程征地补偿和移民安置的有关规定。国家实行开发性移民方针，采取前期补偿、补助与后期扶持相结合的办法，使移民生活达到或者超过原有水平，故选项 A 正确。移民安置工作实行政府领导、分级负责、县为基础、项目法人参与的管理体制，故选项 B 错误。属于国家重点扶持的水利、能源基础设施的大中型水利水电工程建设项目，其用地可以以划拨方式取得，故选项 C 正确。大中型水利水电工程建设征收土地的土地补偿费和安置补助费，实行与铁路等基础设施项目用地同等补偿标准，按照被征收土地所在省、自治区、直辖市规定的标准执行，故选项 D 正确。大中型水利水电工程建设项目用地，应当依法申请并办理审批手续，实行一次报批、分期征收，按期支付征地补偿费，故选项 E 错误。

三、实务操作和案例分析题

(一)

1. 图 2 中①、②、③、④对应的坝体分区名称分别为：①—垫层区；②—过渡区；③—主堆石区；④—次堆石区（或下游堆石区）。

2. 除抗压强度外，堆石材料的质量要求还涉及：硬度、天然重度、软化系数（抗风化能力）、碾压后的密实度和内摩擦角、具有一定渗透能力（渗透性）。

3. 除碾压机具的重量外，堆石坝坝体填筑的压实参数还包括行车速率、铺料厚度、加水量和碾压遍数。

4. 堆石料的压实检查项目包括：干密度、孔隙率、颗粒级配。
取样频次为：1 次／（5000～50000m³）。

5. 混凝土面板施工的主要工作内容除背景材料所列内容外，还包括模板安装、钢筋架立、面板混凝土浇筑、面板养护。

(二)

1. 优化后的土石坝加固后续工作的施工进度网络计划如图 5 所示：

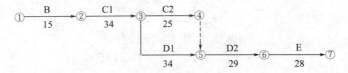

图 5 优化后的施工进度网络计划

根据表 1，工作 C1 压缩 1d，工作 D1 压缩 1d，工作 D2 压缩 1d，工作 E 压缩 2d。则赶工费用 = 1.5×1（C1）+2.5×1（D1）+2×1（D2）+1.8×2（E）= 9.6 万元。

2. 综合事件 1、2，承包人可向发包人提出补偿金额：9.6+3=12.6 万元。
理由：
（1）征地拆迁是发包人义务，由此造成的延期，赶工费用应由发包人承担。
（2）新闸门提前运抵属于发包人违约，保管费应由发包人承担。

3. 除制造厂名和产品名称外，新闸门标志内容还应有：生产许可证标志及编号、制造日期、闸门中心位置和总重量。

4. 除事件 3 所列核验资料外，承包人还应核验的资料有：（1）闸门出厂合格证。（2）闸门制造验收资料和出厂检验资料。(3) 闸门制造竣工图。(4) 安装用控制点位置图。

(三)

1. 表 2 中时间节点的错误之处及理由如下：

(1) 错误之处：招标文件发售期只有 4 日。

理由：招标文件发售期不得少于 5 日。

(2) 错误之处：招标文件澄清修改通知距开标时间只有 12d。

理由：招标文件澄清修改通知一般在投标截止时间 15d 前发出，不影响投标文件实质性编制的除外。

(3) 错误之处：递交投标文件截止时间自发出招标文件至开标时间只有 18 日。

理由：自招标文件开始发出之日起至投标人提交投标文件截止不得少于 20 日。

(4) 错误之处：递交投标文件截止时间与开标时间不一致。

理由：投标截止时间与开标时间应当为同一时间。

2. 事件 2 中资质要求的错误之处：导流洞标段投标人资质要求错误。

理由：二级企业只能承担规模范围为洞径小于 8m 且长度小于 1000m 水工隧洞（或本标段资质应为水利水电工程施工总承包一级资质）。

投标人业绩证明材料包括：中标通知书、合同协议书、合同工程完工证书（或工程接收证书或竣工验收证书或竣工验收鉴定书）。

3. 事件 3 中检查单位发现的两个问题违法行为的判定及理由如下：

问题（1）属于借用他人资质（或以他人名义）承揽工程。

理由：承包单位派驻施工现场的主要管理负责人中部分人员不是本单位人员的，认定为出借或借用他人资质承揽工程。

问题（2）属于违法分包。

理由：劳务作业分包单位除计取劳务作业费用外，还计取主要建筑材料款和大中型机械设备费用的，认定为违法分包。

4. 水利工程合同问题按严重程度分为一般合同问题、较重合同问题、严重合同问题、特别严重合同问题四种。

检查单位发现的问题（2）属于特别严重合同问题。

(四)

1. 事件 1 中高处作业所属的级别为三级，种类为特殊高处作业，具体类别为雨天高处作业。

根据施工安全管理相关规定，进行三级、特级、悬空高处作业，应事先制订专项安全技术措施。

2. 事件 1 中，除皮带外，安全带检查的内容还有：绳索、销口。

安全带检查试验周期的规定有：每次使用前均应检查；新带使用一年后抽样试验；旧带每隔 6 个月抽查试验一次。

3. 除事件 1 所列内容外，事故电话快报内容还有：事故发生单位名称、地址、负责人姓名、联系方式、失联人数、损失情况。

该起事故等级：一般事故。

4. 除事件 2 所列内容外，对行车速度和行车间距的规定还有：在视线良好的情况下行驶时速不超过20km，在工区内时速不得超过15km，在弯多坡陡、狭窄的山区行驶时速应在5km以内。平坦道路上行车间距应大于50m，上下坡应大于300m。

5. 事件3中D、E、F、G、H分别代表的风险处置方法为：D—风险规避；E—风险缓解；F—风险转移；G—风险自留；H—风险利用。

针对围堰工程，施工单位采取的风险处置方法：风险转移。

（五）

1. 在基坑施工中为防止边坡失稳，保证施工安全，除设置合理坡度外，还可采取的措施有：设置边坡护面、基坑支护、降低地下水位。

2. 基坑开挖的人工降低地下水位经常采用方式为：轻型井点、管井井点（或深井降水）。

本工程泵房基坑人工降低地下水位宜采用方式为：管井井点（或深井降水）。

理由：

（1）承压含水层已揭穿（或第四系含水层厚度大于5.0m）。

（2）粉砂渗透系数较大（含水层渗透系数大于1.0m/d）。

3. 高压喷射灌浆防渗墙的防渗性能通常采用的检查方法有：围井、钻孔。

围井检查法适用于所有结构形式的高喷墙；钻孔检查法适用于厚度较大和深度较小的高喷墙。

4. 表4中A、B、C、D代表的内容或数字分别为：

A代表70.0。

B代表单元工程效果（或实体质量）检查。

C代表设计。

D代表优良。

5. 拦污栅闸墩侧面模板、启闭机房悬臂梁底模板、交通桥连续梁底模板拆除的期限分别为：

拦污栅闸墩侧面模板拆除的期限：混凝土强度达到2.5MPa以上、保证其表面及棱角不因拆模而损坏。

启闭机房悬臂梁底模板拆除的期限：混凝土强度达到设计强度标准值的75%。

交通桥连续梁底模板拆除的期限：混凝土强度达到设计强度标准值的75%。

6. 泵站单位工程验收中的错误之处及其正确做法如下：

错误之处1：监理单位主持单位工程验收。

正确做法：单位工程验收应由项目法人主持。

错误之处2：验收时未见质量和安全监督机构工作人员。

正确做法：单位工程验收时质量和安全监督机构应派员列席验收会议。

错误之处3：将验收质量结论和相关资料报质量和安全监督机构进行核备。

正确做法：应将验收质量结论和相关资料报质量和安全监督机构进行核定。

2020年度全国一级建造师执业资格考试
《水利水电工程管理与实务》
真题及解析

学习遇到问题？
扫码在线答疑

2020年度《水利水电工程管理与实务》真题

一、单项选择题（共20题，每题1分。每题的备选项中，只有1个最符合题意）

1. 岸坡岩体发生向临空面方向的回弹变形及产生近似平行于边坡的裂隙，称为（   ）。
   A. 滑坡   B. 蠕变
   C. 崩塌   D. 松弛张裂

2. 某堤防建筑物级别为2级，其合理使用年限不超过（   ）年。
   A. 20   B. 30
   C. 50   D. 100

3. 流网的网格是由（   ）图形构成。
   A. 曲线正方形（或矩形）   B. 曲线正方形（或圆形）
   C. 曲线三角形（或正方形、矩形） D. 曲线六边形（或正方形、矩形）

4. 水库水位和隧洞闸门开度保持不变时，隧洞中的水流为（   ）。
   A. 恒定流   B. 均匀流
   C. 层流   D. 缓流

5. 土石分级中，土分为（   ）级。
   A. 3   B. 4
   C. 5   D. 6

6. 水工建筑物岩石建基面保护层可采用（   ）爆破法施工。
   A. 分块   B. 分层
   C. 分段   D. 分区

7. 土坝碾压采用进退错距法，设计碾压遍数为5遍，碾滚净宽为4m，错距宽度为（   ）m。
   A. 1.25   B. 1
   C. 0.8   D. 0.3

8. 碾压混凝土施工质量评定时，钻孔取样芯样获得率主要是评价碾压混凝土的（   ）。
   A. 均质性   B. 抗渗性

C. 密实性	D. 力学性能

9. 堤防防汛抢险施工的抢护原则为前堵后导、强身固脚、缓流消浪和（　　）。
   A. 加强巡查	B. 消除管涌
   C. 减载平压	D. 及时抢护

10. 根据《水利工程设计变更管理暂行办法》，下列设计变更中，属于重大设计变更的是（　　）。
    A. 主要料场场地的变化	B. 主要弃渣场场地的变化
    C. 主要施工设备配置的变化	D. 场内施工道路的变化

11. 根据《政府和社会资本合作建设重大水利工程操作指南（试行）》，项目公司向政府移交项目的过渡期是（　　）个月。
    A. 3	B. 6
    C. 12	D. 18

12. 水库大坝首次安全鉴定应在竣工验收后（　　）年内进行。
    A. 5	B. 6
    C. 8	D. 10

13. 根据《水利建设工程施工分包管理规定》，主要建筑物的主体结构由（　　）明确。
    A. 项目法人	B. 设计单位
    C. 监理单位	D. 主管部门

14. 水利水电施工企业安全生产标准化等级证书有效期为（　　）年。
    A. 1	B. 2
    C. 3	D. 5

15. 施工质量评定结论需报工程质量监督机构核定的是（　　）。
    A. 一般单元工程	B. 重要隐蔽单元工程
    C. 关键部位单元工程	D. 工程外观

16. 根据《水利部关于修订印发水利建设质量工作考核办法的通知》，某省级水行政主管部门考核排名第8，得分92分，其考核结果为（　　）。
    A. A级	B. B级
    C. C级	D. D级

17. 根据《水电水利工程施工监理规范》DL/T 5111—2012，工程项目划分不包括（　　）。
    A. 单元工程	B. 分项工程
    C. 分部工程	D. 单项工程

18. 根据《中华人民共和国防汛条例》，防汛抗洪工作实行（　　）负责制。
    A. 各级党政首长	B. 各级防汛指挥部
    C. 各级人民政府行政首长	D. 各级水行政主管部门

19. 根据《水利安全生产信息报告和处置规则》，水利生产安全事故信息包括生产安全事故和（　　）信息。
    A. 一般涉险事故	B. 较大涉险事故
    C. 重大涉险事故	D. 特别重大涉险事故

20. 采用开敞式高压配电装置的独立开关站，其场地四周设置的围墙高度不低于（　　）m。
   A. 1.2 B. 1.5
   C. 2.0 D. 2.2

二、多项选择题（共10题，每题2分。每题的备选项中，有2个或2个以上符合题意，至少有1个错误选项。错选，本题不得分；少选，所选的每个选项得0.5分）

21. 确定导流建筑物级别的主要依据有（　　）。
   A. 保护对象 B. 失事后果
   C. 使用年限 D. 洪水标准
   E. 导流建筑物规模

22. 水工建筑物的耐久性是指保持其（　　）的能力。
   A. 适用性 B. 安全性
   C. 经济性 D. 维修性
   E. 美观性

23. 土石坝渗流分析主要是确定（　　）。
   A. 渗透压力 B. 渗透系数
   C. 渗透坡降 D. 渗透流量
   E. 浸润线位置

24. 拆移式模板的标准尺寸有（　　）。
   A. 100cm×(325~525)cm B. 75cm×100cm
   C. (75~100)cm×150cm D. 120cm×150cm
   E. 75cm×525cm

25. 根据围岩变形和破坏的特性，从发挥锚杆不同作用的角度考虑，锚杆在洞室中的布置有（　　）等形式。
   A. 摩擦型锚杆 B. 预应力锚杆
   C. 随机锚杆 D. 系统锚杆
   E. 粘结性锚杆

26. 根据《中华人民共和国水土保持法》《生产建设项目水土保持设施自主验收规程（试行）》，关于水土保持的说法，正确的有（　　）。
   A. 水土保持设施竣工验收由项目法人主持
   B. 水土保持设施验收报告由项目法人编制
   C. 水土保持分部工程质量等级分为合格和优良
   D. 禁止在15°以上陡坡地开垦种植农作物
   E. 水土保持方案为"水土保持方案报告书"

27. 根据《水利基本建设项目竣工财务决算编制规程》SL 19—2014，待摊投资的待摊方法有（　　）。
   A. 按实际发生数的比例分摊 B. 按项目的合同额比例分摊
   C. 按概算数的比例分摊 D. 按项目的效益比例分摊
   E. 按出资比例分摊

28. 根据《水利工程合同监督检查办法（试行）》，合同问题包括（　　）。

A. 一般合同问题 B. 常规合同问题
C. 较重合同问题 D. 严重合同问题
E. 特别严重合同问题

29. 根据《水电建设工程质量管理暂行办法》，单元工程的"三级检查制度"包括（ ）。

A. 班组初检 B. 作业队复检
C. 项目部终检 D. 监理单位复检
E. 项目法人抽检

30. 水利工程质量保修书的主要内容包括（ ）。

A. 竣工验收情况 B. 质量保修的范围和内容
C. 质量保修期 D. 质量保修责任
E. 质量保修费用

三、实务操作和案例分析题（共5题，（一）、（二）、（三）题各20分，（四）、（五）题各30分）

（一）

背景资料：

某水利工程地处北方集中供暖城市，主要施工内容包括分期导流及均质土围堰工程、基坑开挖（部分为岩石开挖）、基坑排水、混凝土工程。工程实施过程中发生如下事件：

事件1：项目法人向施工单位提供了水文、气象、地质资料，还提供了施工现场及施工可能影响的毗邻区域内的地下管线资料。

事件2：施工单位在编制技术文件时，需运用岩土力学、水力学等理论知识解决工程实施过程中的技术问题，包括：边坡稳定、围堰稳定、开挖爆破、基坑排水、渗流、脚手架强度刚度稳定性、开挖料运输及渣料平衡、施工用电。有关理论知识与技术问题对应关系见表1。

表1 理论知识与技术问题对应关系表

序号	理论知识	技术问题
1	岩土力学	边坡稳定、A
2	水力学	B、C
3	材料力学	D
4	结构力学	E
5	爆破力学	F
6	电工学	G
7	运筹学	H

事件3：本工程基坑最大开挖深度12m。根据《水利水电工程施工安全管理导则》SL 721—2015，施工单位需编制基坑开挖专项施工方案，并由技术负责人组织质量等部门的专

业技术人员进行审核。

事件4：根据《水利水电工程施工安全管理导则》SL 721—2015，施工单位应组织召开基坑开挖专项施工方案审查论证会，并根据审查论证报告修改完善专项施工方案，经有关人员审核后方可组织实施。

问题：

1. 事件1中，项目法人向施工单位提供的地下管线资料可能有哪些？
2. 事件2中，分别写出表1中字母所代表的技术问题。
3. 事件3中，除质量部门外，施工单位技术负责人还应组织哪些部门的专业技术人员参加专项施工方案审核？
4. 事件4中，修改完善后的专项施工方案，应经哪些人员审核签字后方可组织实施？

（二）

背景资料：

某混凝土重力坝工程，坝基为岩基，大坝上游坝体分缝处设置紫铜止水片。

施工中发生如下事件：

事件1：工程开工前，施工单位编制了常态混凝土施工方案。根据施工方案及进度计划安排，确定高峰月混凝土浇筑强度为25000m³。施工单位采用《水利水电工程施工组织设计规范》SL 303—2017有关公式对混凝土拌合系统的小时生产能力进行计算，有关计算参数如下：小时不均匀系数 $K_h=1.5$，月工作天数 $M=25d$，日工作小时数 $N=20h$。经计算拟选用生产率为35m³/h的JS750型拌合机2台。

事件2：岩基爆破后，施工单位在混凝土浇筑前对基础面进行处理。监理单位在首仓混凝土浇筑前进行开仓检查。

事件3：某一坝段混凝土初凝后4h开始保湿养护，连续养护14d后停止。

事件4：监理人员在巡检过程中，检查了紫铜止水片的搭接焊接质量。

问题：

1. 根据事件1，计算该工程需要的混凝土拌合系统小时生产能力，判断拟选用拌合设备的生产能力是否满足要求？指出影响混凝土拌合系统生产能力的因素有哪些？

2. 事件2中，岩基基础面需要做哪些处理？大坝首仓混凝土浇筑前除检查基础面处理外，还要检查的内容有哪些？

3. 指出事件3中的错误之处，写出正确做法。

4. 事件4中，紫铜止水片的搭接焊接质量合格的标准有哪些？焊缝的渗透检验采用什么方法？

（三）

背景资料：

某水利工程项目发包人与承包人签订了工程施工承包合同。投标报价文件按照《水利工程设计概（估）算编制规定（工程部分）》和《水利建筑工程预算定额》编制。工程实施过程中发生如下事件：

事件1：承包人为确保工程进度，对某混凝土分部工程组织了流水施工，经批准的施工网络计划如图1所示（A为钢筋安装，B为模板安装，C为混凝土浇筑）。其中，C1工作的各时间参数为 $\dfrac{9 \mid EF \mid TF}{LS \mid LF \mid FF}$。

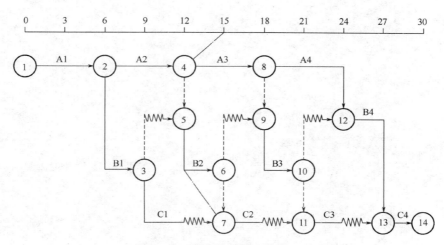

图1 施工网络计划图（单位：d）

事件2：上述混凝土分部工程施工到第15天末，承包人对工程进度进行了检查，并以实际进度前锋线记录在图1中。为确保该分部工程能够按计划完成，承包人组织技术人员对相关工作的可压缩时间和对应增加的成本进行分析，结果见表2。承包人据此制定了工期优化方案。

表2 混凝土工程相关工作可压缩时间和对应增加的成本分析表

工作	A_i	B_i	C_i
正常工作时间(d)	6	3	3
最短工作时间(d)	5	2	2
压缩成本(万元/d)	2	1	3

注：i 为1、2、3、4。

事件3：进入冬期施工后，承包人按监理工程师指示对现浇混凝土进行了覆盖保温。承包人要求调整混凝土工程单价，补偿保温材料费。

事件4：某日当地发生超标准洪水，工地被淹。承包人预估了本次洪灾造成的损失，启动索赔程序。

问题：

1. 写出事件 1 中 EF、TF、LS、LF、FF 分别代表的数值。

2. 根据事件 2，说明第 15 天末的进度检查情况（按"××工作实际比计划提前或滞后×d"表述），并判断对计划工期的影响。

3. 写出工期优化方案（按"××工作压缩×d"表述）及相应增加的总成本。

4. 事件 3 中，承包人提出的要求是否合理？说明理由。

5. 写出事件 4 中承包人的索赔程序。

(四)

背景资料:

某泵站工程施工招标文件按照《水利水电工程标准施工招标文件》(2009年版)和《水利工程工程量清单计价规范》GB 50501—2007编制。专用合同条款约定:泵站工程的管理用房列为暂估价项目,金额为1200万元。增值税税率为9%。

投标人甲结合本工程特点和企业自身情况分析,讨论了施工投标不平衡报价的策略和利弊。其编制的投标文件部分内容如下:

已标价的工程量清单中,钢筋制作与安装单价分析表(部分)见表3。

表3 钢筋制作与安装单价分析表(单位:1t)

编号	名称及规格	单位	数量	单价(元)	合计(元)
1	直接费				4551.91
1.1	基本直接费				D
1.1.1	人工费				125.37
(1)	A	工时	2.32	7.12	16.52
(2)	高级工	工时	6.48	6.58	42.64
(3)	中级工	工时	8.10	5.72	46.33
(4)	初级工	工时	6.25	3.18	19.88
1.1.2	材料费				4245.58
(1)	钢筋	t	1.05	3926.35	4122.67
(2)	B	kg	4.00	6.5	26.00
(3)	焊条	kg	7.22	7.6	54.87
(4)	C				42.04
1.1.3	机械使用费				69.94
1.2	其他直接费				111.02
2	间接费				182.08
3	利润	元			331.38
4	税金	元			E
	合同执行单价	元			F

投标人乙中标承建该项目,合同总价19600万元。合同中约定:工程预付款按签约合同价的10%支付,开工前由发包人一次性付清;工程预付款按照公式 $R = \dfrac{A}{(F_2 - F_1)S}(C - F_1 S)$ 扣还,其中 $F_1 = 20\%$,$F_2 = 80\%$;承包人缴纳的履约保证金兼具工程质量保证金功能,施工进度付款中不再扣留质量保证金。

工程实施期间发生如下事件:

事件1:施工过程中,发现实际地质情况与发包人提供的地质情况不同,经设计变更,新增了地基处理工程(合同工程量清单中无地基处理相关子目)。各参建方及时办理了变更手续。

事件2:截至工程开工后的第10个月末,承包人累计完成合同金额14818万元,第11

个月经项目法人和监理单位审核批准的合同金额为 1450 万元。

事件 3：项目法人主持了泵站首台机组启动验收，工程所在地区电力部门代表参加了验收委员会。泵站机组带额定负荷 7d 内累计运行了 42h，机组无故障停机次数 3 次。在机组启动试运行完成前，验收主持单位组织了技术预验收。

问题：

1. 写出表 3 中 A、B、C、D、E 和 F 分别代表的名称或数字（计算结果保留两位小数）。
2. 根据背景资料，写出投标人在投标阶段不平衡报价的常用策略及存在的弊端。
3. 根据背景资料，管理用房暂估价项目如属于必须招标项目，其招标工作的组织方式有哪些？
4. 写出事件 1 中变更工作的估价原则。
5. 根据事件 2，计算第 11 个月的工程预付款扣还金额和承包人实得金额（单位：万元，计算结果保留两位小数）。
6. 根据《水利水电建设工程验收规程》SL 223—2008，指出事件 3 中的错误之处，说明理由。

（五）

背景资料：

某河道治理工程包括新建泵站、新建堤防工程。本工程采用一次拦断河床围堰导流，上下游围堰采用均质土围堰。该工程地面高程30.00m，泵站主体工程设计建基面高程22.90m。

本工程混凝土采用泵送，现场布置有混凝土拌合系统、钢筋加工厂、木工厂、油库、塔吊、办公生活区、地磅等临时设施。根据有利生产、方便生活、易于管理、安全可靠、成本最低的原则，进行施工现场布置，平面布置示意图如图2所示。

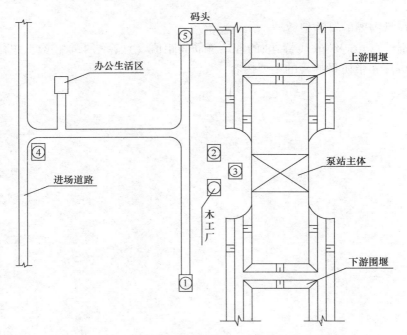

图2 平面布置示意图

施工中发生如下事件：

事件1：基坑初期排水过程中，上游来水致使河道水位上升，上游围堰基坑侧发生滑坡。

事件2：施工单位土方开挖采用反铲挖掘机一次性开挖到22.90m高程。

事件3：启闭机平台简支梁断面示意图如图3所示，梁长6m，保护层25mm，因该工程箍筋φ8钢筋备量不足，拟采用φ6或φ6钢筋代换，φ6抗拉强度按210MPa、φ6抗拉强度按310MPa计算。

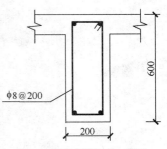

图3 简支梁断面示意图
（单位：mm）

事件4：新建堤防迎水面采用混凝土预制块护坡。根据《水利水电建设工程验收规程》SL 223—2008，堤防工程竣工验收前，检测单位对混凝土预制块护坡质量进行抽检。

问题：

1. 指出图 2 中代号①、②、③、④、⑤所对应的临时设施名称。
2. 事件 1 中，基坑初期排水总量由哪几部分组成？指出围堰滑坡的可能原因，应如何处理？
3. 指出事件 2 中的错误之处，并提出合理的施工方法。
4. 写出泵站主体结构基础土方开挖单元工程质量评定工作的组织要求。
5. 根据事件 3：
   （1）画出箍筋示意图并注明尺寸。
   （2）计算箍筋单根下料长度（箍筋调整值按 16.5d 计算，计算结果取整数，单位：mm）。
   （3）单根梁需要的箍筋根数。
   （4）分别计算 φ6 及 φ6 代替 φ8 的理论箍筋间距值（计算结果取整数，单位：mm）。
6. 写出事件 4 中质量抽检的主要内容。

2020 年度真题参考答案及解析

一、单项选择题

1. D；   2. C；   3. A；   4. A；   5. B；
6. B；   7. C；   8. A；   9. C；   10. A；
11. C； 12. A； 13. B； 14. C； 15. D；
16. A； 17. D； 18. C； 19. B； 20. D。

【解析】

1. D。本题考核的是边坡变形破坏的类型。滑坡是指边坡岩（土）体主要在重力作用下沿贯通的剪切破坏面发生滑动破坏的现象。在边坡的破坏形式中，滑坡是分布最广、危害最大的一种。它在坚硬或松软岩层、陡倾或缓倾岩层以及陡坡或缓坡地形中均可发生。蠕变是指边坡岩（土）体主要在重力作用下向临空方向发生长期缓慢的塑性变形的现象，有表层蠕动和深层蠕动两种类型。崩塌是指较陡边坡上的岩（土）体在重力作用下突然脱离母体崩落、滚动堆积于坡脚的地质现象。在坚硬岩体中发生的崩塌也称岩崩，而在土体中发生的则称土崩。松弛张裂是指由于临谷部位的岩体被冲刷侵蚀或人工开挖，使边坡岩体失去约束，应力重新调整分布，从而使岸坡岩体发生向临空面方向的回弹变形及产生近平行于边坡的拉张裂隙，一般称为边坡卸荷裂隙。

2. C。本题考核的是水利水电各类永久性水工建筑物的合理使用年限。堤防建筑物级别为2级，合理使用年限是50年。

3. A。本题考核的是流网法的构成。流网法是一种图解法，适用于任意边界条件，是在渗流区域内由流线和等势线组成的具有曲线正方形（或矩形网格）的图形。只要按规定的原则绘制流网，一般可以得到较好的计算精度。（注：此知识点已删除。）

4. A。本题考核的是水流形态。流场中任何空间上所有的运动要素（如时均流速、时均压力、密度等）都不随时间而改变的水流称为恒定流。例如某一水库工程有一泄水隧洞，当水库水位、隧洞闸门保持不变时，隧洞中水流的所有运动要素都不会随时间改变，即为恒定流。

5. B。本题考核的是土石方工程施工的土石分级。土石分级依开挖方法、开挖难易、坚固系数等共划分为16级，其中土分4级，岩石分12级。

6. B。本题考核的是建基面保护层爆破。建基面保护层可采用水平预裂、柔性垫层一次爆破法或分层爆破方法。（注：此知识点已删除。）

7. C。本题考核的是错距宽度的计算。错距宽度的计算公式为：$b=B/n$，式中，B 为碾滚净宽（m）；n 为设计碾压遍数。错距宽度 $4/5=0.8m$。

8. A。本题考核的是钻孔取样评定的内容。钻孔取样评定的内容如下：

（1）芯样获得率：评价碾压混凝土的均质性。

（2）压水试验：评定碾压混凝土抗渗性。

（3）芯样的物理力学性能试验：评定碾压混凝土的均质性和力学性能。

（4）芯样断口位置及形态描述：描述断口形态，分别统计芯样断口在不同类型碾压层层间结合处的数量，并计算占总断口数的比例，评价层间结合是否符合设计要求。

（5）芯样外观描述：评定碾压混凝土的均质性和密实性。

9. C。本题考核的是堤防防汛抢险施工的抢护原则。堤防防汛抢险施工的抢护原则为：前堵后导、强身固脚、减载平压、缓流消浪。施工中应遵守各项安全技术要求，不应违反程序作业。

10. A。本题考核的是水利工程设计变更。施工组织设计变化属于重大设计变更，主要料场场地的变化属于施工组织设计变化。

11. C。本题考核的是项目移交。除另有约定外，合同期满前 12 个月为项目公司向政府移交项目的过渡期。

12. A。本题考核的是水工建筑物实行定期安全鉴定。水库大坝实行定期安全鉴定制度，首次安全鉴定应在竣工验收后 5 年内进行，以后应每隔 6~10 年进行一次。

13. B。本题考核的是项目法人在履行分包管理职责。主要建筑物的主体结构，由项目法人要求设计单位在设计文件或招标文件中明确。

14. C。本题考核的是水利水电施工企业安全生产标准化等级证书有效期。安全生产标准化等级证书有效期为 3 年。

15. D。本题考核的是工程质量评定工作的组织要求。选项 A 报监理单位复核，由监理工程师核定质量等级并签证认可。选项 B、C 报工程质量监督机构核备。

16. A。本题考核的是项目法人质量考核。考核结果分 4 个等级，A 级（考核排名前 10 名，且得分 90 分及以上的）、B 级（A 级以后，且得分 80 分级以上的）、C 级（B 级以后，且得分在 60 分及以上的）、D 级（得分 60 以下或发生重、特大质量事故的）。

17. D。本题考核的是工程项目划分。工程开工申报及施工质量检查，一般按单位工程、分部工程、分项工程、单元工程四级进行划分。

18. C。本题考核的是防汛组织要求。《中华人民共和国防洪法》第三十八条规定：防汛抗洪工作实行各级人民政府行政首长负责制，统一指挥、分级分部门负责。

19. B。本题考核的是水利生产安全事故信息。水利生产安全事故信息包括生产安全事故和较大涉险事故信息。

20. D。本题考核的是劳动安全的内容。采用开敞式压配电装置的独立开关站，其场地四周应设置高度不低于 2.2m 的围墙。

二、多项选择题

21. A、B、C、E；　22. A、B；　23. A、C、D、E；
24. A、C；　25. C、D；　26. A、C；
27. A、C；　28. A、C、D、E；　29. A、B、C；
30. B、C、D、E。

【解析】

21. A、B、C、E。本题考核的是确定临时性水工建筑物的级别。水利水电工程施工期使用的临时性挡水和泄水建筑物的级别，应根据保护对象的重要性、失事造成的后果、使用年限和临时建筑物的规模确定。

22. A、B。本题考核的是建筑物耐久性的概念。建筑物耐久性是指在设计确定的环境作用和规定的维修、使用条件下，建筑物在合理使用年限内保持其适用性和安全性的能力。

23. A、C、D、E。本题考核的是渗流分析的内容。渗流分析主要内容有：确定渗透压力；确定渗透坡降（或流速）；确定渗流量。对土石坝，还应确定浸润线的位置。

24. A、C。本题考核的是拆移式模板的标准尺寸。拆移式模板是一种常用模板，可做成定型的标准模板。其标准尺寸：大型的为 100cm×（325~525）cm；小型的为（75~100）cm×150cm。

25. C、D。本题考核的是锚杆的布置形式。根据围岩变形和破坏的特性，从发挥锚杆不同作用的角度考虑，锚杆在洞室的布置有局部（随机）锚杆和系统锚杆。

26. A、C。本题考核的是水土保持的有关法律要求。选项 B 错误，水土保持设施验收报告由第三方技术服务机构（以下简称第三方）编制。选项 D 错误，禁止在 25°以上陡坡地开垦种植农作物。选项 E 错误，水土保持方案分为"水土保持方案报告书"和"水土保持方案报告表"。

27. A、C。本题考核的是待摊投资的分摊方法。待摊投资的分摊对象主要为房屋及构筑物、需要安装的专用设备、需要安装的通用设备以及其他分摊对象。待摊方法有按实际发生数的比例分摊，或按概算数的比例分摊。

28. A、C、D、E。本题考核的是合同问题。合同问题分为一般合同问题、较重合同问题、严重合同问题、特别严重合同问题。

29. A、B、C。本题考核的是单元工程的"三级检查制度"。单元工程的检查验收，施工单位应按"三级检查制度"（班组初检、作业队复检、项目部终检）的原则进行自检。

30. B、C、D、E。本题考核的是质量保修书的主要内容。质量保修书的主要内容有：（1）合同工程完工验收情况；（2）质量保修的范围和内容；（3）质量保修期；（4）质量保修责任；（5）质量保修费用；（6）其他。

三、实务操作和案例分析题

（一）

1. 事件 1 中，项目法人向施工单位提供的地下管线资料可能有：供水、排水、供电、供气（或燃气）、供热（供暖）、通信、广播电视。

2. 理论知识与技术问题对应关系表中字母所代表的技术问题如下：
A 代表围堰稳定；B 代表渗流（或基坑排水）；C 代表基坑排水（或渗流）；D 代表脚手架强度刚度稳定性；E 代表脚手架强度刚度稳定性；F 代表开挖爆破；G 代表施工用电；H 代表开挖料运输与渣料平衡。

3. 事件 3 中，除质量部门外，施工单位技术负责人还应组织安全部门（安全部）、技术部门（技术部）参加专项施工方案审核。

4. 事件 4 中，修改完善后的专项施工方案，应经施工单位技术负责人、总监理工程师、项目法人（建设单位）单位负责人审核签字方可组织施工。

（二）

1. 该工程需要的混凝土拌合系统小时生产能力=1.5×25000/（25×20）=75m³/h。
经计算拟选用生产率为 35m³/h，由此可知：2×35=70m³/h<75m³/h，不满足要求。

影响混凝土拌合系统生产能力的因素有：设备容量、台数、生产率等。

2. 事件 2 中，岩石基础面需要做以下处理：用人工清除表面松软岩石、棱角和反坡，并用高压水枪冲洗，若粘有油污和杂物，可用金属丝刷洗，直至洁净为止，最后用高压风吹至岩面无积水。

大坝首仓混凝土浇筑前除检查基础面处理外，还要检查的内容有：模板、钢筋及止水安设等内容。

3. 对事件 3 中混凝土养护错误之处的判断及正确做法如下：

错误之处一：混凝土初凝后 4h 开始保湿养护。

正确做法：常态混凝土应在初凝后 3h 开始保湿养护。

错误之处二：连续养护 14d 后停止。

正确做法：混凝土宜养护至设计龄期，养护时间不宜少于 28d。

4. 事件 4 中，紫铜止水片的搭接焊接质量合格的标准有：（1）双面焊接，其搭接长度应大于 20mm。（2）焊缝应表面光滑、不渗水，无孔洞、裂隙、漏焊、欠焊、咬边伤等缺陷。

焊缝的渗透检验应采用煤油做渗透检验。

（三）

1. 事件 1 中 EF、TF、LS、LF、FF 分别代表的数值：

最早完成时间 $EF=9+3=12$。

总时差 $TF=6+3=9$。

最迟开始时间 $LS=9+9=18$。

最迟完成时间 $LF=12+9=21$。

自由时差 $FF=$ 波形线水平投影长度 $=3$。

2. 第 15 天末的进度检查情况及其对计划工期的影响如下：

（1）A3 工作实际比计划滞后 3d；

（2）B2 工作实际比计划滞后 3d；

（3）C2 工作与计划一致。

影响计划工期 3d。

3. 工期优化方案及相应增加的总成本如下：

工期优化方案：本题关键线路是 A1→A2→A3→A4→B4→C4，其中在第 15 天末，A1、A2 工作已完成，只能压缩 A3、A4、B4、C4 一共三个月，而且应选择压缩成本低的工作进行压缩，即 A3 工作压缩 1d、A4 工作压缩 1d、B4 工作压缩 1d。

相应增加的总成本 $=2+2+1=5$ 万元。

4. 事件 3 中，承包人提出的要求是否合理的判断及理由如下：

承包人提出的要求不合理。

理由：混凝土工程养护用材料的费用，定额中是以其他材料费，按照费率的方式计入的，投标单价中已经包含相应养护材料费。

5. 事件 4 中承包人的索赔程序：

（1）承包人在索赔事件发生后 28d 内，向监理人提交索赔意向通知书。

（2）承包人在发出索赔意向通知书后 28d 内，向监理人正式提交索赔通知书。

（四）

1. 表3中A、B、C、D、E和F分别代表的名称或数字：

A代表工长；B代表铁丝；C代表其他材料费；D代表4440.89；E代表455.88；F代表5521.25。

2. 投标人在投标阶段不平衡报价的常用策略及存在的弊端如下：

常用策略有：

（1）能够早日结账收款的项目（如临时工程费、基础工程、土方开挖等）可适当提高单价；

（2）预计今后工程量会增加的项目，适当提高单价；

（3）招标图纸不明确，估计修改后工程量要增加的，可以提高单价；

（4）工程内容解说不清楚的，则可适当降低一些单价，待澄清后再要求提价。

存在的弊端有：

（1）对报低单价的项目，如工程量执行时增多将造成承包人损失；

（2）不平衡报价过多和过于明显，可能会导致报价不合理等后果。

3. 管理用房暂估价项目如属于必须招标项目，其招标工作的组织方式有两种：

第一种：若承包人不具备承担暂估价项目的能力或具备承担暂估价项目的能力但明确不参与投标的，由发包人和承包人共同组织招标。

第二种：若承包人具备承担暂估价项目的能力且明确参与投标的，由发包人组织招标。

4. 事件1中变更工作的估价原则是：合同已标价的工程量清单中，无适用或类似于子目的单价，可按照成本加利润的原则，由监理人商定或确定变更工作的单价。

5. 第11个月的工程预付款扣还金额和承包人实得金额的计算如下：

根据工程预付款公式 $R = \dfrac{A}{(F_2-F_1)S}(C-F_1 S)$ 计算，截至第10个月累计已扣还预付款为：

R_{10} = 19600×10%×(14818−20%×19600)/[(80%−20%)×19600] = 1816.33 万元。

截至第11个月累计已扣还预付款为：

R_{11} = 19600×10%×(14818+1450−20%×19600)/[(80%−20%)×19600] = 2058 万元 > 19600×10% = 1960 万元，所以截至第11个月预付款已全额扣还。

第11个月的工程预付款扣还金额 = 1960−1816.33 = 143.67 万元。

承包人实得金额 = 1450−143.67 = 1306.33 万元。

6. 根据《水利水电建设工程验收规程》SL 223—2008，对事件3中错误之处的判断及其理由如下：

错误之处一：泵站机组带额定负荷7d内累计运行了42h。

理由：泵站机组带额定负荷7d内累计运行了48h。

错误之处二：在机组启动试运行完成前，验收主持单位组织了技术预验收。

理由：应在机组启动试运行完成后组织技术预验收。

（五）

1. 平面布置示意图中①、②、③、④、⑤所对应的临时设施名称分别为：①油库；

②钢筋加工厂；③塔式起重机；④地磅；⑤混凝土拌合系统。

2. 事件1中，基坑初期排水总量由基坑积水量、抽水过程中围堰及地基渗水量、堰身及基坑覆盖层中的含水量，以及可能的降水量等组成。

围堰滑坡的可能原因及其处理措施如下：

（1）围堰滑坡原因：①外河水位上升，围堰浸润线抬高；②基坑抽水速度过快。

（2）处理措施：①加固围堰；②降低基坑排水速度，开始降速为0.5~0.8m/d为宜，接近排干时可允许达到1.0~1.5m/d。

3. 事件2中错误之处的判断及其合理施工方法如下：

不妥之处：施工单位土方开挖采用反铲挖掘机一次性开挖到22.90m高程。

合理的施工方法：应分层开挖，临近设计建基面高程时，应留出0.2~0.3m的保护层人工开挖。

4. 泵站主体结构基础土方开挖单元工程质量评定工作的组织要求：经施工单位自评合格，监理单位抽检后，由项目法人（或委托监理）、监理、设计、施工、工程运行管理（施工阶段已经成立）等单位组成联合小组，共同检查核定其质量等级并填写签证表，报工程质量监督机构核备。

5. 根据事件3中简支梁断面示意图及相关数据画图及其计算如下：

（1）箍筋示意图如图4所示。

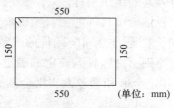

图4 箍筋示意图

（2）箍筋单根下料长度 $L = (550+150) \times 2 + 16.5 \times 8 = 1532$ mm。

（3）单根梁需要的箍筋根数 $= (6000-25 \times 2) \div 200 + 1 = 31$ 根。

（4）φ6代替φ8 间距 $= \dfrac{3 \times 3 \times \pi}{4 \times 4 \times \pi} \times 200 = 113$ mm。

φ6代替φ8 间距 $= \dfrac{3 \times 3 \times \pi \times 310}{4 \times 4 \times \pi \times 210} \times 200 = 166$ mm。

6. 事件4中混凝土预制块护坡质量抽检的主要内容：预制块厚度、平整度、缝宽。

2019 年度全国一级建造师执业资格考试

《水利水电工程管理与实务》

真题及解析

学习遇到问题?
扫码在线答疑

2019 年度《水利水电工程管理与实务》真题

一、单项选择题（共 20 题，每题 1 分。每题的备选项中，只有 1 个最符合题意）

1. 高边坡稳定监测宜采用（　　）。
   A. 视准线法　　　　　　　　　　B. 水准观测法
   C. 交会法　　　　　　　　　　　D. 三角高程法

2. 水库大坝级别为 3 级，其合理使用年限为（　　）年。
   A. 30　　　　　　　　　　　　　B. 50
   C. 100　　　　　　　　　　　　 D. 150

3. 混凝土粗集料最大粒径不应超过钢筋净间距的（　　）。
   A. 1/4　　　　　　　　　　　　 B. 1/2
   C. 3/5　　　　　　　　　　　　 D. 2/3

4. 水库最高洪水位以下的静库容是（　　）。
   A. 总库容　　　　　　　　　　　B. 防洪库容
   C. 调洪库容　　　　　　　　　　D. 有效库容

5. Ⅱ类围岩的稳定性状态是（　　）。
   A. 稳定　　　　　　　　　　　　B. 基本稳定
   C. 不稳定　　　　　　　　　　　D. 极不稳定

6. 水工隧洞中的灌浆施工顺序为（　　）。
   A. 先接缝灌浆，后回填灌浆，再固结灌浆
   B. 先固结灌浆，后回填灌浆，再接缝灌浆
   C. 先回填灌浆，后固结灌浆，再接缝灌浆
   D. 先回填灌浆，后接缝灌浆，再固结灌浆

7. 钢筋经过调直机调直后，其表面伤痕不得使钢筋截面面积减少（　　）以上。
   A. 5%　　　　　　　　　　　　　B. 6%
   C. 7%　　　　　　　　　　　　　D. 8%

8. 大型水斗式水轮机的应用水头约为（　　）m。
   A. 5～100　　　　　　　　　　　B. 20～300
   C. 50～100　　　　　　　　　　 D. 300～1700

9. 重新编报可行性研究报告的情形之一是，初步设计静态总投资超过可行性研究报告相应估算静态总投资（ ）时。
   A. 5% B. 10%
   C. 12% D. 15%

10. 水利工程项目建设实行的"三项"制度是（ ）。
    A. 业主负责制、招标投标制、建设监理制
    B. 合同管理制、招标投标制、建设监理监督制
    C. 业主负责制、施工承包制、建设监理制
    D. 项目法人责任制、招标投标制、建设监理制

11. 水闸首次安全鉴定应在竣工验收后（ ）年内进行。
    A. 3 B. 5
    C. 8 D. 10

12. 根据《水利部关于修订印发水利建设质量工作考核办法的通知》，不属于监理单位质量控制考核内容的是（ ）。
    A. 质量控制体系建立情况 B. 监理控制相关材料报送情况
    C. 监理控制责任履行情况 D. 稽察提出质量问题整改情况

13. 混凝土入仓温度是指混凝土下料后平仓前测得的混凝土深（ ）cm 处的温度。
    A. 3~5 B. 5~10
    C. 10~15 D. 15~20

14. 水利工程质量缺陷备案表由（ ）组织填写。
    A. 项目法人 B. 监理单位
    C. 质量监督机构 D. 第三方检测机构

15. 水闸工程建筑物覆盖范围以外，水闸两侧管理范围宽度最少为（ ）m。
    A. 20 B. 25
    C. 30 D. 35

16. 根据水利部建设项目验收相关规定，项目法人完成工程建设任务的凭据是（ ）。
    A. 竣工验收鉴定书 B. 工程竣工证书
    C. 合同工程竣工鉴定书 D. 项目投入使用证书

17. 根据用电负荷的重要性和停电造成的损失程度，钢筋加工厂的主要设备负荷属于（ ）类负荷。
    A. 二 B. 三
    C. 四 D. 五

18. 材料储量计算公式 $q=QdK/n$，其中 d 为（ ）。
    A. 年工作日数 B. 需要材料的储存天数
    C. 材料总需要量的不均匀系数 D. 需要材料储量

19. 夜间施工时，施工作业噪声传至以居住为主区域的等效声级限值不允许超过（ ）dB（A）。
    A. 45 B. 50
    C. 55 D. 60

20. 下列船舶类型中，不适合在沿海施工的是（　　）。
   A. 750m³/h 的链斗式挖泥船　　　B. 500m³/h 的绞吸式挖泥船
   C. 4m³ 的铲斗式挖泥船　　　　　D. 294kW 的拖轮拖带泥驳

二、多项选择题（共 10 题，每题 2 分。每题的备选项中，有 2 个或 2 个以上符合题意，至少有 1 个错误选项。错选，本题不得分；少选，所选的每个选项得 0.5 分）

21. 根据《中华人民共和国水法》，实行取水许可制度的水资源包括（　　）。
   A. 农村集体经济组织的水塘　　　B. 农村集体经济组织的水库
   C. 地下水　　　　　　　　　　　D. 湖泊
   E. 江河

22. 岩层断裂构造分为（　　）。
   A. 节理　　　　　　　　　　　　B. 蠕变
   C. 劈理　　　　　　　　　　　　D. 断层
   E. 背斜

23. 水工混凝土的配合比包括（　　）。
   A. 水胶比　　　　　　　　　　　B. 砂率
   C. 砂胶比　　　　　　　　　　　D. 浆骨比
   E. 砂骨比

24. 混凝土防渗墙下基岩帷幕灌浆宜采用（　　）。
   A. 自上而下分段灌浆　　　　　　B. 自下而上分段灌浆
   C. 孔口封闭法灌浆　　　　　　　D. 全孔一次灌浆
   E. 纯压式灌浆

25. 土石坝土料填筑的压实参数包括（　　）等。
   A. 铺土厚度　　　　　　　　　　B. 碾压遍数
   C. 相对密度　　　　　　　　　　D. 压实度
   E. 含水量

26. 水利 PPP 项目实施程序主要包括（　　）等。
   A. 项目论证　　　　　　　　　　B. 项目储备
   C. 社会资本方选择　　　　　　　D. 设备采购
   E. 项目执行

27. 根据《水利建设工程施工分包管理规定》，水利工程施工分包按分包性质分为（　　）。
   A. 设备分包　　　　　　　　　　B. 材料分包
   C. 工程分包　　　　　　　　　　D. 劳务作业分包
   E. 质量检验分包

28. 根据《水利工程质量事故处理暂行规定》，水利工程质量事故分为（　　）。
   A. 特大质量事故　　　　　　　　B. 重大质量事故
   C. 较大质量事故　　　　　　　　D. 一般质量事故
   E. 常规质量事故

29. 根据《水电建设工程质量管理暂行办法》，工程质量事故分类考虑的因素包括事故对（　　）的影响程度。

A. 工程耐久性 B. 工程效益
C. 工程可靠性 D. 工程外观
E. 正常使用

30. 水利工程档案的保管期限包括（　　）等。
A. 三年 B. 十年
C. 永久 D. 长期
E. 短期

三、实务操作和案例分析题（共5题，（一）、（二）、（三）题各20分，（四）、（五）题各30分）

（一）

背景资料：

某坝后式水电站安装两台立式水轮发电机组，甲公司承包主厂房土建施工和机电安装工程，主机设备由发包方供货。合同约定：（1）应在两台机墩混凝土均浇筑至发电机层且主厂房施工完成后，方可开始水轮发电机组的正式安装工作；（2）1号机为计划首台发电机组；（3）首台机组安装如工期提前，承包人可获得奖励，标准为10000元/d；工期延误，承包人承担逾期违约金，标准为10000元/d。

单台尾水管安装综合机械使用费合计100元/h，单台座环蜗壳安装综合机械使用费合计175元/h。机械闲置费用补偿标准按使用费的50%计。

施工计划按每月30d、每天8h计，承包人开工前编制首台机组安装施工进度计划，并报监理人批准。首台机组安装施工进度计划如图1所示（单位：d）。

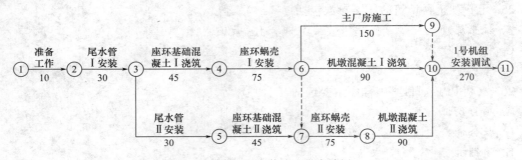

图1 首台机组安装施工进度计划

事件1： 座环蜗壳Ⅰ到货时间延期导致座环蜗壳Ⅰ安装工作开始时间延迟了10d，尾水管Ⅱ到货时间延期导致尾水管Ⅱ安装工作开始时间延迟了20d。承包人为此提出顺延工期和补偿机械闲置费要求。

事件2： 座环蜗壳Ⅰ安装和座环基础混凝土Ⅱ浇筑完成后，因不可抗力事件导致后续工作均推迟一个月开始，发包人要求承包人加大资源投入，对后续施工进度计划进行优化调整，确保首台机组安装按原计划工期完成，承包人编制并报监理人批准的首台发电机组安装后续施工进度计划如图2所示（单位：d），并约定，相应补偿措施费用90万元，其中包含了确保首台机组安装按原计划工期完成所需的赶工费用及工期奖励。

事件3： 监理工程师发现机墩混凝土Ⅱ浇筑存在质量问题，要求承包人返工处理，延长工作时间10d，返工费用32600元。为此，承包人提出顺延工期和补偿费用的要求。

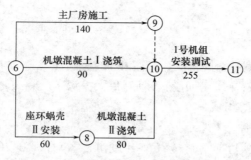

图 2 首台机组安装后续施工进度计划

事件4：主厂房施工实际工作时间为155d，1号机组安装调试实际时间为232d，其他工作按计划完成。

问题：

1. 根据图1，计算施工进度计划总工期，并指出关键线路（以节点编号表示）。
2. 根据事件1，承包人可获得的工期顺延天数和机械闲置补偿费用分别为多少？说明理由。
3. 事件3中承包人提出的要求是否合理？说明理由。
4. 综合上述四个事件，计算首台机组安装的实际工期；指出工期提前或延误的天数，承包人可获得工期提前奖励或应承担的逾期违约金。
5. 综合上述四个事件计算承包人可获得的补偿及奖励或违约金的总金额。

(二)

背景资料：

甲公司承担了某大型水利枢纽工程主坝的施工任务。主坝长1206.56m，坝顶高64.00m，最大坝高81.55m（厂房坝段），坝基最大挖深13.50m。该标段主要由泄洪洞、河床式发电厂房、挡水坝段等组成。

施工期间发生如下事件：

事件1：甲公司施工项目部编制《××××年度汛方案》报监理单位批准。

事件2：针对本工程涉及的超过一定规模的危险性较大单项工程，分别编制了《纵向围堰施工方案》《一期上、下游围堰施工方案》《主坝基础土石方开挖施工方案》《主坝基础石方爆破施工方案》，施工单位对上述专项施工方案组织专家审查论证，将修改完成后的专项施工方案送监理单位审核。总监理工程师委托常务副总监对上述专项施工方案进行审核。

事件3：项目法人主持召开安全例会，要求甲公司按《水利水电工程施工安全管理导则》SL 721—2015及时填报事故信息等各类水利生产安全信息。安全例会通报中提到的甲公司施工现场存在的部分事故隐患见表1。

表1 甲公司施工现场存在的部分事故隐患

序号	事故隐患内容描述
1	缺少40t履带吊安全操作规程
2	油库距离临时搭建的A休息室45m，且搭建材料的燃烧性能等级为B_2
3	未编制施工用电专项方案
4	未对进场的6名施工人员进行入场安全培训
5	围堰工程未经验收合格即投入使用
6	13号开关箱漏电保护器失效
7	石方爆破工程未按专项施工方案施工
8	B休息室西墙穿墙电线未做保护，有两处破损

事件4：施工现场设有氨压机车间，甲公司将其作为重大危险源进行管理，并依据《水利水电工程安全防护设施技术规范》SL 714—2015制定了氨压机车间必须采取的安全技术措施。

事件5：木工车间的李某在用圆盘锯加工竹胶板时，碎屑飞入左眼，造成左眼失明。事后甲公司依据《工伤保险条例》，安排李某进行了劳动能力鉴定。

问题：

1. 根据《水利工程施工监理规范》SL 288—2014、《水利工程安全生产管理规定》（水利部令第26号），指出事件1和事件2中不妥之处，并简要说明原因。项目部编制度汛方案的最主要依据是什么？

2. 事件3中，除事故信息外，水利生产安全信息还应包括哪两类信息？指出表1中可用直接判定法判定为重大事故隐患的隐患（用序号表示）。

3. 事件4中氨压机车间必须采取的安全技术措施有哪些？

4. 事件5中，造成事故的不安全因素是什么？根据《工伤保险条例》，在什么情况下，用人单位应安排工伤职工进行劳动能力鉴定？

(三)

背景资料:

某水利水电枢纽由拦河坝、溢洪道、发电引水系统、电站厂房等组成。水库库容为 $12×10^8 m^3$。拦河坝为混凝土重力坝,最大坝高 152m,坝顶全长 905m。重力坝抗滑稳定计算受力简图如图 3 所示。

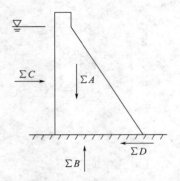

图 3 重力坝抗滑稳定计算受力简图

事件 1:混凝土重力坝以横缝分隔为若干坝段。根据本工程规模和现场施工条件,施工单位将每个坝段以纵缝分为若干浇筑块进行混凝土浇筑。每个坝段采用竖缝分块形式浇筑混凝土。

事件 2:混凝土重力坝基础面为岩基,开挖至设计高程后,施工单位对基础面表面松软岩石、棱角和反坡进行清除,随即开仓浇筑。

事件 3:混凝土重力坝施工中,早期施工时坝体出现少量裂缝,经分析裂缝系温度应力所致。施工单位编制了温度控制技术方案,提出了相关温度控制措施,并提出出机口温度、表面保护等主要温度控制指标。

事件 4:本工程混凝土重力坝为主要单位工程,分为 18 个分部工程,其中主要分部工程 12 个。单位工程施工质量评定时,分部工程全部合格,优良等级 15 个,其中主要分部工程优良等级 11 个。施工中无质量事故。外观质量得分率 91%。

问题:

1. 写出图 3 中 ΣA、ΣB、ΣC、ΣD 分别对应的荷载名称。
2. 事件 1 中,混凝土重力坝坝段分段长度一般为多少米?每个坝段的混凝土浇筑除采用竖缝分块以外,通常还可采用哪些分缝分块形式?
3. 事件 2 中,施工单位对混凝土重力坝基础面处理措施和程序是否完善?请说明理由。
4. 事件 3 中,除出机口温度、表面保护外,主要温度控制指标还应包括哪些?
5. 事件 4 中,混凝土重力坝单位工程施工质量等级能否评定为优良?说明原因。

（四）

背景资料：

某大型引调水工程位于 Q 省 X 市，第 5 标段河道长 10km。主要工程内容包括河道开挖、现浇混凝土护坡以及河道沿线生产桥。工程沿线涉及黄庄村等 5 个村庄。根据地质资料，沿线河道开挖深度范围内均有膨胀土分布，地面以下 1~2m 地下水丰富且土层透水性较强。本标段土方 1100 万 m³，合同价约 4 亿元，计划工期 2 年，招标文件按照《水利水电工程标准施工招标文件》（2009 年版）编制，评标办法采用综合评估法，招标文件中明确了最高投标限价。建设管理过程中发生如下事件：

事件 1：评标办法中部分要求见表 2。

表 2　评标办法（部分）

序号	评审因素	分值	评审标准
1	投标报价	30	评标基准价=投标人有效投标报价去掉一个最高和一个最低后的算术平均值。投标人有效投标报价等于评标基准价的得满分；在此基础上，偏差率每上升 1%（位于两者之间的线性插值，下同）扣 2 分，每下降 1% 扣 1 分，扣完为止，偏差率计算保留小数点后两位。 投标人有效报价要求： （1）应当在最高投标限价 85%~100% 之间，不在此区间的其投标视为无效标； （2）无效标的投标报价不纳入评标基准价计算
2	投标人业绩	15	近 5 年每完成一个大型调水工程业绩得 3 分，最多得 15 分。业绩认定以施工合同为准
3	投标人实力	3	获得"鲁班奖"的得 3 分，获得"詹天佑奖"的得 2 分，获得 Q 省"青山杯"的得 1 分，同一获奖项目只能计算一次
4	对本标段施工的重点和难点认识	5	合理 4~5 分，较合理 2~3，一般 1~2 分，不合理不得分

招标文件约定，评标委员会在对实质性响应招标文件要求的投标进行报价评估时，对投标报价中算术性错误按现行有关规定确定的原则进行修正。

事件 2：投标人甲编制的投标文件中，河道护坡现浇混凝土配合比材料用量（部分）见表 3。

主要材料预算价格：水泥 0.35 元/kg，砂 0.08 元/kg，水 0.05 元/kg。

事件 3：合同条款中，价格调整约定如下：

（1）对水泥、钢筋、油料三个可调因子进行价格调整；

（2）价格调整计算公式为 $\Delta M=[P-(1\pm5\%)P_0]\times W$，式中 ΔM 代表需调整的价格差额，P 代表可调因子的现行价格，P_0 代表可调因子的基本价格，W 代表材料用量。

表 3　河道护坡现浇混凝土配合比材料用量（部分）

序号	混凝土强度等级	A	B	C	预算材料量（kg/m³）				F
					D	E	石子	泵送剂	
	泵送混凝土								
1	C20(40)	42.5	二	0.44	292	840	1215	1.46	128

续表

序号	混凝土强度等级	A	B	C	预算材料量（kg/m³）				
					D	E	石子	泵送剂	F
2	C25（40）	42.5	二	0.41	337	825	1185	1.69	138
	砂浆								
3	水泥砂浆 M10	42.5		0.7	262	1650			183
4	水泥砂浆 M7.5	42.5		0.7	224	1665			157

问题：

1. 事件1中，对投标报价中算术性错误进行修正的原则是什么？
2. 针对事件1，指出表2中评审标准的不合理之处，并说明理由。
3. 根据背景资料，合理分析本标段施工的重点和难点问题。
4. 分别指出事件2表3中A、B、C、D、E、F所代表的含义。
5. 计算事件2中每立方米水泥砂浆M10的预算单价。
6. 事件3中，为了价格调整的计算，还需约定哪些因素？

（五）

背景资料：

某水电站工程主要工程内容包括：碾压混凝土坝、电站厂房、溢洪道等，工程规模为中型。水电站装机容量为50MW，碾压混凝土坝坝顶高程417m，最大坝高65m。该工程施工平面布置示意图如图4所示。

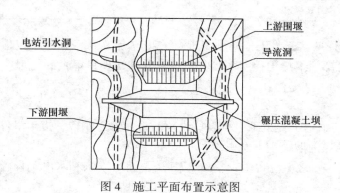

图4 施工平面布置示意图

事件1：根据合同工期要求，该工程施工导流部分节点工期目标及有关洪水标准见表4。

表4 施工导流部分节点工期目标及有关洪水标准表

时间节点	工期目标	洪水标准	备注
2015.11	围堰填筑完成	围堰洪水标准 A	围堰顶高程362m；围堰级别为 B 级
2016.5	大坝施工高程达到377m高程	大坝施工期洪水标准 C	相应拦洪库容为2000万 m³
2017.12	导流洞封堵完成	坝体设计洪水标准 D；坝体校核洪水标准50~100年一遇	溢洪道尚不具备设计泄洪能力

事件2：上游围堰采用均质土围堰，围堰断面示意图如图5所示，施工单位分别采取瑞典圆弧法（K_1）和简化毕肖普法（K_2）计算围堰边坡稳定安全系数，K_1、K_2计算结果分别为1.03和1.08。施工单位组织编制了围堰工程专项施工方案，专项施工方案内容包括工程概况等。

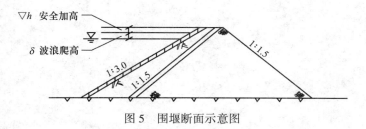

图5 围堰断面示意图

事件3：碾压混凝土坝施工中，采取了仓面保持湿润等养护措施。2016年9月，现场对已施工完成的碾压混凝土坝体钻孔取芯，钻孔取芯检验项目及评价内容见表5。

表5　钻孔取芯检验项目及评价内容

序号	检验项目	评价内容
1	芯样获得率	E
2	压水试验	F
3	芯样的物理力学性能试验	评价碾压混凝土均质性和力学性能
4	芯样断面位置及形态描述	评价碾压混凝土层间结合是否符合设计要求
5	芯样外观描述	G

事件4：为保证蓄水验收工作的顺利进行，2017年9月，施工单位根据工程进度安排，向当地水行政主管部门报送工程蓄水验收申请，并抄送项目审批部门。

问题：

1. 根据《水利水电工程施工组织设计规范》SL 303—2017，指出事件1中A、C、D分别对应的洪水标准；围堰级别B为几级？

2. 事件2中，∇h最小应为多少？K_1、K_2是否满足《水利水电工程施工组织设计规范》SL 303—2017的要求？规范规定的最小值分别为多少？

3. 事件2中，围堰专项施工方案除背景所述内容外，还应包括哪些内容？

4. 事件3中，除仓面保持湿润外，在碾压混凝土养护方面还应注意哪些问题？

5. 事件3表5中，E、F、G分别所代表的评价内容是什么？

6. 根据《水电工程验收管理办法》，指出并改正事件4中，在工程蓄水验收申请的组织方面存在的不妥之处。

2019 年度真题参考答案及解析

一、单项选择题

1. C； 2. B； 3. D； 4. A； 5. B；
6. C； 7. A； 8. D； 9. D； 10. D；
11. B； 12. D； 13. B； 14. B； 15. C；
16. A； 17. B； 18. B； 19. A； 20. D。

【解析】

1. C。本题考核的是观测方法的选择。一般情况下，滑坡、高边坡稳定监测采用交会法；水平位移监测采用视准线法（活动觇牌法和小角度法）；垂直位移观测，宜采用水准观测法，也可采用满足精度要求的光电测距三角高程法；地基回弹宜采用水准仪与悬挂钢尺相配合的观测方法。

2. B。本题考核的是水利水电工程合理使用年限。水库大坝级别为 3 级，工程等别为Ⅲ等。水利水电工程合理使用年限规定见表 6。

表 6　水利水电工程合理使用年限（单位：年）

工程等别	工程类别					
	水库	防洪	治涝	灌溉	供水	发电
Ⅰ	150	100	50	50	100	100
Ⅱ	100	50	50	50	100	100
Ⅲ	50	50	50	50	50	50
Ⅳ	50	30	30	30	30	30
Ⅴ	50	30	30	30	30	30

注：工程类别中水库、防洪、治涝、灌溉、供水、发电分别表示水库库容、保护目标重要性和保护农田面积、治涝面积、灌溉面积、供水对象重要性、发电装机容量来确定工程等别。

3. D。本题考核的是混凝土粗集料的相关规定。粗集料的最大粒径：不应超过钢筋净间距的 2/3、构件断面最小边长的 1/4、素混凝土板厚的 1/2。

4. A。本题考核的是水库特征库容。静库容指坝前某一特征水位水平面以下的水库容积。总库容指最高洪水位以下的水库静库容。防洪库容指防洪高水位至防洪限制水位之间的水库容积。调洪库容指校核洪水位至防洪限制水位之间的水库容积。兴利库容（有效库容、调节库容）指正常蓄水位至死水位之间的水库容积。

5. B。本题考核的是围堰的稳定性。Ⅰ类围岩的稳定性状态是稳定，Ⅱ类围岩的稳定性状态是基本稳定，Ⅲ类围岩的稳定性状态是稳定性差，Ⅳ类围岩的稳定性状态是不稳定，Ⅴ类围岩的稳定性状态是极不稳定。

6. C。本题考核的是水工隧洞中的灌浆顺序。水工隧洞中的灌浆宜按照先回填灌浆、后固结灌浆、再接缝灌浆的顺序进行。（注：此知识点已删除）。

7. A。本题考核的是钢筋加工。钢筋在调直机上调直后，其表面伤痕不得使钢筋截面面积减少 5% 以上。如用冷拉方法调直钢筋，则其调直冷拉率不得大于 1%。

8. D。本题考核的是水轮机的应用水头。大型水斗式水轮机的应用水头约为 300~1700m，小型水斗式水轮机的应用水头约为 40~250m。斜击式水轮机一般多用于中小型水电站，适用水头一般为 20~300m。双击式水轮机适用水头一般为 5~100m。

9. D。本题考核的是水利工程建设阶段划分。静态总投资超过可行性研究报告相应估算静态总投资在 15% 以下时，要对工程变化内容和增加投资提出专题分析报告。超过 15% 以上（含 15%）时，必须重新编制可行性研究报告并按原程序报批。

10. D。本题考核的是建设项目管理"三项"制度。《水利工程建设项目管理暂行规定》明确，水利工程项目建设实行项目法人责任制、招标投标制和建设监理制，简称"三项"制度。

11. B。本题考核的是水利建筑物安全鉴定。水闸首次安全鉴定应在竣工验收后 5 年内进行，以后应每隔 10 年进行一次全面安全鉴定。

12. D。本题考核的是监理质量控制考核内容。根据《水利部关于修订印发水利建设质量工作考核办法的通知》，涉及监理单位监理质量控制主要考核内容包括：质量控制体系建立情况、监理控制相关材料报送情况、监理控制责任履行情况。选项 D 属于项目法人质量管理考核要点。

13. B。本题考核的是混凝土的入仓温度。入仓温度是指混凝土下料后平仓前，测得的深 5~10cm 处的温度。

14. B。本题考核的是质量缺陷备案表的填写。质量缺陷备案表由监理单位组织填写。

15. C。本题考核的是水闸工程建筑物覆盖范围以外的管理范围。水闸工程建筑物覆盖范围以外的管理范围参考表 7 确定。

表 7 水闸工程建筑物覆盖范围以外的管理范围

建筑物等级	1	2	3	4	5
水闸上、下游的宽度（m）	500~1000	300~500	100~300	50~100	50~100
水闸两侧的宽度（m）	100~200	50~100	30~50	30~50	30~50

由上表可知，两侧宽度最小为 30m。

16. A。本题考核的是项目法人完成工程建设任务的凭据。竣工验收鉴定书是项目法人完成工程建设任务的凭据。

17. B。本题考核的是施工供电系统。木材加工厂、钢筋加工厂的主要设备属三类负荷。

18. B。本题考核的是各种材料存储量的估算。材料储存量按 $q=QdK/n$ 估算，式中，q 为需要材料储存量（t 或 m³）；Q 为高峰年材料总需要量（t 或 m³）；n 为年工作日数；d 为需要材料的储存天数；K 为材料总需要量的不均匀系数，一般取 1.2~1.5。

19. A。本题考核的是非施工区域的噪声允许标准。非施工区域的噪声允许标准见表 8。

表8 非施工区域的噪声允许标准

类别	等效声级限值[dB(A)]	
	昼间	夜间
以居住、文教机关为主的区域	55	45
居住、商业、工业混杂区及商业中心区	60	50
工业区	65	55
交通干线道路两侧	70	55

20. D。本题考核的是挖泥船对自然影响的适应情况。<200m³/h 的绞吸式挖泥船不适合在沿海施工；<750m³/h 的链斗式挖泥船不适合在沿海施工；≤294kW 的拖轮拖带泥驳不适合在沿海施工。

二、多项选择题

21. C、D、E；   22. A、C、D；   23. A、B、D；
24. A、B；   25. A、B、E；   26. A、B、C、E；
27. C、D；   28. A、B、C、D； 29. A、C、E；
30. C、D、E。

【解析】

21. C、D、E。本题考核的是实行取水许可制度的水资源。《中华人民共和国水法》第七条规定，国家对水资源依法实行取水许可制度和有偿使用制度。但是，农村集体经济组织及其成员使用本集体经济组织的水塘、水库中的水除外。

22. A、C、D。本题考核的是岩层断裂构造分类。断裂构造指岩层在构造应力作用下，岩层沿着一定方向产生机械破裂，失去连续性和完整性，可分为节理、劈理、断层三类。

23. A、B、D。本题考核的是混凝土的配合比设计。混凝土配合比的设计，实质上就是确定四种材料用量之间的三个对比关系：水胶比、砂率、浆骨比。

24. A、B。本题考核的是灌浆方法。混凝土防渗墙下基岩帷幕灌浆宜采用自上而下分段灌浆法或自下而上分段灌浆法，不宜直接利用墙体内预埋灌浆管作为孔口管进行孔口封闭法灌浆。

25. A、B、E。本题考核的是土料填筑压实参数。土料填筑压实参数主要包括碾压机具的重量、含水量、碾压遍数及铺土厚度等，对于振动碾还应包括振动频率及行走速率等。

26. A、B、C、E。本题考核的是水利PPP项目实施程序。水利PPP项目实施程序主要包括项目储备、项目论证、社会资本方选择、项目执行等。

27. C、D。本题考核的是水利工程施工分包的分类。水利工程施工分包按分包性质分为工程分包和劳务作业分包。

28. A、B、C、D。本题考核的是水利工程质量事故分类。根据《水利工程质量事故处理暂行规定》，工程质量事故按直接经济损失的大小，检查、处理事故对工期的影响时间长短和对工程正常使用的影响，分类为一般质量事故、较大质量事故、重大质量事故、特大质量事故。

29. A、C、E。本题考核的是水电工程质量事故分类考虑的因素。按对工程的耐久性、可靠性和正常使用的影响程度，检查、处理事故对工期的影响时间长短和直接经济损失的大小，水电工程质量事故分类为：(1) 一般质量事故；(2) 较大质量事故；(3) 重大质量事故；(4) 特大质量事故。

30. C、D、E。本题考核的是水利工程档案的保管期限。水利工程档案的保管期限分为永久、长期、短期三种。

三、实务操作和案例分析题

（一）

1. 施工进度计划总工期为 595d。

关键线路为：①→②→③→④→⑥→⑦→⑧→⑩→⑪。

【分析】本题采用标号法的计算如图 6 所示。

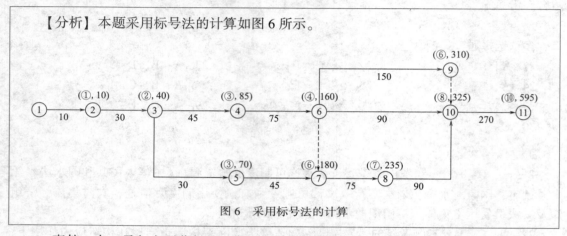

图 6 采用标号法的计算

2. 事件 1 中，承包人可获得的工期顺延天数和机械闲置补偿费用及其理由如下：

（1）承包人可获得顺延工期 10d。

理由：座环蜗壳 I、尾水管 II 到货延期均为发包人责任。座环蜗壳 I 安装是关键工作，开始时间延迟 10d，影响工期 10d。尾水管 II 安装工作总时差 45d，尾水管 II 安装开始时间延迟 20d 不影响工期。

（2）补偿机械闲置费 15000 元。

理由：座环蜗壳 I 机械闲置费补偿：$10×8×175×50\% = 7000$ 元；尾水管 II 机械闲置费补偿：$20×8×100×50\% = 8000$ 元。

3. 事件 3 中承包人提出的要求是否合理的判断及理由如下：

事件 3 中承包人提出的要求不合理。

理由：施工质量问题属于承包人责任。

【分析】判断造成质量事故的责任方是解答本题的关键。机墩混凝土 II 浇筑属于承包人的工作内容，其存在质量问题，责任方为承包人，所以不予顺延工期和补偿费用。

4. 首台机组安装的实际工期：

事件 1 中，工期顺延 10d。

事件 2 中，因不可抗力事件导致后续工作均推迟一个月开始，即 30d。

根据事件 2，首台发电机组安装后续施工进度计划进行优化调整，主厂房施工计划

140d,但实际工作时间为 155d,1 号机组安装调试计划时间为 255d,但实际工作时间为 232d。

则首台机组安装实际工期 = 10+30+45+75+155+232+10+30 = 587d。

工期提前 8d（595-587），所以可获得工期提前奖励为：8×10000 = 80000 元。

5. 综合四个事件计算承包人可获得的补偿及奖励或违约金的总金额如下：
(1) 设备闲置费：15000 元。
(2) 措施费：900000 元。
(3) 提前奖励：80000 元。
合计为：15000+900000+80000 = 995000 元。

（二）

1. 根据《水利工程施工监理规范》SL 288—2014、《水利工程安全生产管理规定》（水利部令第 26 号），事件 1 和事件 2 中的不妥之处及理由如下：

(1) 不妥之处：项目部将"××××年度汛方案"报监理单位批准。

理由：不符合《水利工程建设安全生产管理规定》（水利部令第 26 号），应报项目法人批准"××××年度汛方案"。

(2) 不妥之处：总监理工程师委托常务副总监审核专项施工方案。

理由：不符合《水利工程施工监理规范》SL 288—2014，此工作属于总监理工程师不可授权的范围，应由总监理工程师审核签字。

项目部编制度汛方案的主要依据是项目法人编制的工程度汛方案及措施。

2. 事件 3 中，除事故信息外，水利生产安全信息还应包括：基本信息、隐患信息。表 1 中的第 2、3、5、7 项可用直接判定法判定为重大事故隐患（注：此知识点已修改）。

3. 根据《水利水工程施工安全防护设施技术规范》SL 714—2015 第 7.2.1 条规定，事件 4 中氨压机车间必须具备的安全技术措施包括：

(1) 控制盘柜与氨压机应分开隔离设置，并符合防火防爆要求；
(2) 所有照明、开关、取暖设施应采用防爆电器；
(3) 设有固定式氨气报警仪；
(4) 配备有便携式氨气检测仪；
(5) 设置应急疏散通道并明确标志。

4. 造成事故的不安全因素包括：李某未佩戴护目镜；木材加工机械的安全保护装置（排屑罩）未配备或损坏。

根据《工伤保险条例》，发生工伤，经治疗伤情相对稳定后存在残疾，影响劳动能力的，用人单位应安排工伤职工进行劳动能力鉴定。

（三）

1. 图 3 中 $\sum A$、$\sum B$、$\sum C$、$\sum D$ 分别对应的荷载名称为：
(1) $\sum A$ 对应的荷载名称为自重；
(2) $\sum B$ 对应的荷载名称为扬压力；
(3) $\sum C$ 对应的荷载名称为水压力；
(4) $\sum D$ 对应的荷载名称为摩擦力。

2. 事件1中，混凝土重力坝坝段分段长度一般为15~24m。

每个坝段的混凝土浇筑除采用竖缝分块以外，通常还可采用通仓浇筑、斜缝分块、错缝分块等分缝分块形式。

3. 事件2中，施工单位对混凝土重力坝基础面处理措施和程序不完善。

理由：对于岩基，在爆破后，用人工清除表面松软岩石、棱角和反坡，并用高压水枪冲洗，若粘有油污和杂物，可用金属丝刷刷洗，直至洁净为止，最后，再用高压风吹至岩面无积水，经质检合格，才能开仓浇筑。

4. 事件3中，除出机口温度、表面保护外，主要温度控制指标还应包括：浇筑温度、浇筑层厚度、间歇期、表面冷却、通水冷却等。

5. 事件4中，混凝土重力坝单位工程施工质量等级不能评定为优良等级。

理由：18个分部工程，优良等级15个，满足条件"70%以上达到优良等级"；主要分部工程12个，主要分部工程优良等级11个，不满足条件"主要分部工程质量全部优良"。施工中无质量事故，外观质量得分率91%均满足条件。所以不能评定为优良。

（四）

1. 根据《工程建设项目施工招标投标办法》，对投标报价中算术性错误进行修正的原则是：

（1）用数字表示的数额与用文字表示的数额不一致的，以文字数额为准。

（2）单价与工程量的乘积与总价之间不一致的，以单价为准修正总价，但单价有明显的小数点错位的，以总价为准，并修改单价。

2. 表2中评审标准的不合理之处及理由如下：

（1）不合理之处：投标人有效投标报价应当在最高投标限价85%~100%之间。

理由：根据《工程建设项目施工招标投标办法》规定，招标人不得规定最低投标限价。

（2）不合理之处：获得Q省"青山杯"的得1分。

理由：招标文件不得以本区域奖项作为加分项。

（3）不合理之处：投标人业绩以施工合同为准。

理由：投标人业绩除施工合同外，还包括中标通知书和合同工程完工验收证书（竣工验收证书或竣工验收鉴定书）。

3. 根据背景资料，本标段施工重点和难点问题包括：

（1）施工过程中降排水问题；

（2）膨胀土处理问题；

（3）土方平衡与调配问题；

（4）施工环境协调问题；

（5）河道护坡现浇混凝土施工问题；

（6）进度组织安排问题；

（7）本标段与其他相邻标段协调问题。

4. 表3中A、B、C、D、E、F所代表的含义如下：

A代表水泥强度等级；B代表级配；C代表水胶比；D代表水泥；E代表砂（黄砂、中粗砂）；F代表水。

【分析】混凝土配合比是指混凝土中水泥、水、砂及石子材料用量之间的比例关系。对 A、B、C、D、E、F 所代表的含义判断如下：

（1）根据表 3，A 列数值为 42.5，很容易能得出是水泥强度等级，A 代表水泥强度等级；B 则代表级配；C 则代表水胶比。

（2）水胶比表示水泥与水用量之间的对比关系。F/D＝C，由此可知，D 代表水泥，F 代表水。

（3）剩下 E，即为砂。

5. 事件 2 中每 m³ 水泥砂浆 M10 预算单价的计算：

每立方米水泥砂浆 M10 的预算单价＝262×0.35＋1650×0.08＋183×0.05＝232.85 元/m³。

【分析】根据第 4 问可以得出水泥用量为 262kg/m³，砂用量为 1650kg/m³，水用量为 183kg/m³。背景资料中已给出主要材料预算价格：水泥 0.35 元/kg，砂 0.08 元/kg，水 0.05 元/kg。

则每立方米水泥砂浆 M10 的预算单价＝水泥预算材料量×水泥预算价格＋砂预算材料量×砂预算价格＋水预算材料量×水预算价格＝262×0.35＋1650×0.08＋183×0.05＝232.85 元/m³。

6. 事件 3 中，为了价格调整的计算，还需约定：
（1）水泥、钢筋、油料三个可调因子代表性材料选择；
（2）三个可调因子现行价格和基本价格的具体时间；
（3）价格调整时间或频次；
（4）变更、索赔项目的价格调整问题；
（5）价格调整依据的造价信息。

（五）

1. 根据《水利水电工程施工组织设计规范》SL 303—2017，对事件 1 中 A、C、D 洪水标准及围堰级别 B 的判断如下：
（1）A 代表的洪水标准范围为 5～10 年一遇。
（2）C 代表的洪水标准范围为 20～50 年一遇。
（3）D 代表的洪水标准范围为 20～50 年一遇。
（4）B 围堰级别为 5 级。

2. 对事件 2 的分析如下：
（1）∇h 最小应为 0.5m。
（2）K_1 不满足《水利水电工程施工组织设计规范》SL 303—2017 的要求，规范规定的最小值为 1.05。
（3）K_2 不满足《水利水电工程施工组织设计规范》SL 303—2017 的要求，规范规定的最小值为 1.15。

3. 事件 2 中，围堰专项施工方案除背景所述内容外，还应包括：编制依据、施工计划、施工工艺技术、施工安全保证措施、劳动力计划、设计计算书及相关图纸等。

4. 事件 3 中，除仓面保持湿润外，在碾压混凝土养护方面还应注意的问题包括：
（1）刚碾压后的混凝土不能洒水养护，可以采取覆盖等措施防止表面水分蒸发。

混凝土终凝后应立即进行洒水养护。

）水平施工缝和冷缝，洒水养护持续至上一层碾压混凝土开始铺筑。

4）永久外露面，宜养护28d以上。

5. 事件3表5中，E、F、G分别所代表的评价内容：

（1）E评价碾压混凝土的均质性；

（2）F评价碾压混凝土的抗渗性；

（3）G评价碾压混凝土的均质性和密实性。

6. 事件4中，在工程蓄水验收申请的组织方面存在的不妥之处及正确做法：

（1）不妥之处一：申请时间2017年9月。

正确做法：申请提出时间在计划下闸蓄水前6个月。

（2）不妥之处二：施工单位根据工程进度安排报送验收申请。

正确做法：工程蓄水验收，项目法人应根据工程进度安排，报送验收申请。

（3）不妥之处三：向当地水行政主管部门报送工程蓄水验收申请，并抄送项目审批部门。

正确做法：应向工程所在地省级人民政府能源主管部门报送工程蓄水验收申请；应抄送验收主持单位。

《水利水电工程管理与实务》
考前冲刺试卷（一）及解析

学习遇到问题？
扫码在线答疑

《水利水电工程管理与实务》考前冲刺试卷（一）

一、单项选择题（共20题，每题1分。每题的备选项中，只有1个最符合题意）

1. 水利水电工程测量误差按其产生的原因和对测量结果影响性质的分类不包括（　　）。
   A. 人为误差　　　　B. 粗差　　　　C. 系统误差　　　　D. 偶然误差

2. 根据《水利水电工程等级划分及洪水标准》SL 252—2017 的规定，某泵站工程等别为Ⅱ等，其次要建筑物级别应为（　　）级。
   A. 2　　　　B. 3　　　　C. 4　　　　D. 5

3. 关于水利工程合理使用年限的说法，正确的是（　　）。
   A. 合理使用年限是指能按设计功能安全使用的最高要求年限
   B. 永久性水工建筑物级别降低时，其合理使用年限应不变
   C. 水库工程最高合理使用年限为 100 年
   D. 2 级水工建筑物中闸门的合理使用年限为 30 年

4. 某水闸底板混凝土所用砂的细度模数（$F \cdot M$）为2.8，该砂属于（　　）砂。
   A. 粗　　　　B. 中　　　　C. 细　　　　D. 特细

5. 图1所示的消能与防冲方式属于（　　）。

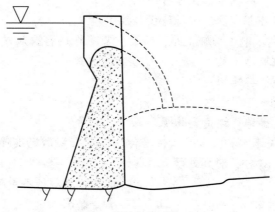

图 1　消能与防冲方式

A. 底流消能 B. 挑流消能
C. 水垫消能 D. 面流消能

6. 某土石坝地基采用固结灌浆处理，灌浆总孔数为 160 个，如采用单点法进行简易压水试验，试验孔数最少需（　　）个。
A. 8 B. 10
C. 15 D. 20

7. 堆石坝垫层填筑施工中，当压实层厚度大时，为减轻物料的分离，铺料宜采用（　　）。
A. 后退法
B. 进占法
C. 先进占法卸料，再后退法铺平
D. 先后退法卸料，再进占法卸料铺平

8. 关于混凝土浇筑与温度控制的说法，正确的是（　　）。
A. 加冰拌合混凝土时，宜采用冰块
B. 对于砂砾地基，应先铺碎石，盖上湿砂，压实后，再浇筑混凝土
C. 出机口混凝土坍落度超过最大允许值时，按不合格料处理
D. 施工缝采用风砂枪打毛时，应在浇筑后 5~10h 进行

9. 某水闸启闭机房钢筋混凝土悬臂梁跨度为 1.8m，根据《水工混凝土施工规范》SL 677—2014，其底模拆除时，混凝土的强度至少应达到设计强度等级的（　　）。
A. 50% B. 75%
C. 80% D. 90%

10. 下列作业类别中，不属于特殊高处作业的是（　　）。
A. 雨天高处作业 B. 夜间高处作业
C. 带电高处作业 D. 高原高处作业

11. 根据《水利工程建设项目管理规定》，水利工程可行性研究报告重点解决项目（　　）等有关问题。
A. 建设的必要性
B. 建设的必要性、技术可行性和社会影响可控性
C. 建设技术、经济、环境、社会可行性
D. 技术可行性、经济合理性、可持续操作性

12. 下列不属于水利水电工程施工准备阶段主要工作内容的是（　　）。
A. 办理土地使用权批准手续
B. 施工现场的征地、拆迁
C. 施工现场"四通一平"
D. 组织招标设计、咨询、设备和物资采购

13. 根据《水利部关于水利安全生产标准化达标动态管理的实施意见》，达标单位在证书有效期内累计分达到 10 分，对其处理方式是（　　）。
A. 实施黄牌警告 B. 证书期满后将不予延期
C. 撤销证书 D. 责令整改

14. 根据《水电建设工程质量监督检查大纲》，质量监督巡视检查的工作方式主要分为

（　　）检查。
A. 持续性、可操作性、随机抽查
B. 针对性、专项、驻点
C. 阶段性、专项、随机抽查
D. 旁站、专项、随机

15. 水利工程竣工验收自查工作应由（　　）组织。
A. 施工单位
B. 监理单位
C. 项目法人
D. 质量监督机构

16. 根据国务院有关决定，生产建设项目水土保持设施验收属于（　　）。
A. 行政许可
B. 第三方评估
C. 环境保护验收的组成部分
D. 建设单位自主验收

17. 下列工程中，属于超过一定规模的危险性较大的单项工程是（　　）。
A. 开挖深度为15m的人工挖孔桩工程
B. 架体高度为15m的悬挑式脚手架工程
C. 基坑开挖深度为3m的石方开挖工程
D. 搭设高度35m的落地式钢管脚手架工程

18. 水力发电工程施工过程中的工程变更指令可由（　　）发出。
A. 设计单位
B. 业主或业主授权监理机构
C. 项目主管部门
D. 质量监督机构

19. 根据《中华人民共和国水土保持法》，水土保持方案在实施过程中，水土保持措施需要作出重大变更时，其变更方案应经（　　）批准。
A. 方案编制单位
B. 建设单位
C. 原审批机关
D. 监理单位

20. 根据《水工建筑物地下开挖工程施工技术规范》SL 378—2007，竖井单向自下而上开挖，距贯通面（　　）m时，应自上而下贯通。
A. 3
B. 5
C. 8
D. 10

二、多项选择题（共10题，每题2分。每题的备选项中，有2个或2个以上符合题意，至少有1个错误选项。错选，本题不得分；少选，所选的每个选项得0.5分）

21. 水利工程中钢筋的拉力检验项目包括（　　）。
A. 屈服点
B. 伸长率
C. 冷弯强度
D. 抗拉强度
E. 极限强度

22. 下列土方填筑碾压类型中，属于静压碾压的有（　　）。
A. 羊脚碾碾压
B. 夯击碾压
C. 振动碾碾压
D. 撞击碾压
E. 气胎碾压

23. 水闸下游连接段包括（　　）。
A. 铺盖
B. 消力池
C. 护坦
D. 岸墙
E. 海漫

24. 低水头、大流量水电站可以选用（　　）水轮机。

A. 水斗式 B. 轴流式
C. 斜击式 D. 贯流式
E. 双击式

25. 根据《水利建设项目后评价管理办法（试行）》，项目后评价中，过程评价包括（　　）评价。
A. 前期工作 B. 建设实施
C. 运行管理 D. 目标和可持续性评价
E. 财务评价

26. 下列工作方法中，属于竣工审计方法中其他方法的有（　　）。
A. 比较法 B. 鉴定法
C. 盘点法 D. 分析法
E. 详查法

27. 根据《水利部关于印发〈水利工程勘测设计失误问责办法（试行）〉的通知》，水利工程责任单位负责人包括（　　）。
A. 法定代表人 B. 项目负责人
C. 直接责任人 D. 间接责任人
E. 领导责任人

28. 根据《水利工程建设监理规定》和《水利工程施工监理规范》SL 288—2014，总监理工程师的下列职责中，可授权给副总监理工程师的有（　　）。
A. 审批监理实施细则 B. 签发各类付款证书
C. 签发监理月报 D. 调整监理人员
E. 组织审核承包人的质量保证体系文件

29. 根据《水利部关于修改〈水利工程建设监理单位资质管理办法〉的决定》，水土保持工程施工监理专业资质分为（　　）级。
A. 甲 B. 乙
C. 丙 D. 丁
E. 戊

30. 根据《水利工程建设标准强制性条文》（2020年版），关于劳动安全的说法，正确的有（　　）。
A. 防洪防淹设施应设置不少于2个的独立电源
B. 人货两用的施工升降机可以人货同时运送
C. 地下洞室开挖施工过程中，洞内氧气体积不应少于20%
D. 3级土石围堰的防渗体顶部应预留完工后的沉降超高
E. 核子水分—密度仪放射源泄漏检查的周期为3个月

三、实务操作和案例分析题（共5题，（一）、（二）、（三）题各20分，（四）、（五）题各30分）

（一）

背景资料：
某水利枢纽工程由电站、泄水闸和土坝组成。泄水闸底板、闸墩均为C30钢筋混凝土结构；土坝为均质土坝，上游设干砌块石护坡，下游设草皮护坡和堆石排水体。工程施工过程中发生如下事件。

事件1：泄水闸施工前，承包人委托有关单位对C30混凝土进行配合比试验，确定了配合比（表1），并报监理机构批准。

表1 泄水闸C30混凝土配合比

材料名称	水泥	砂	石子	水	外加剂	粉煤灰	矿粉	硅粉
品种规格	P·O 42.5	中砂	5~40	自来水	SH-306	Ⅰ级	S95	
每 m^3 混凝土材料用量(kg)	260	752	1082	170	4.02	40	35	15

事件2：泄水闸底板混凝土施工过程中，承包人采用标准坍落度筒（上口口径100mm，下口口径200mm，高度300mm的截头圆锥筒）对混凝土坍落度进行测定，测定结果如图2所示。

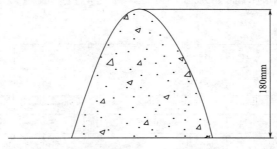

图2 混凝土坍落度测定示意图

事件3：承包人在泄水闸闸墩施工过程中，对闸墩的模板安装、钢筋制作及安装等工序按照《水利水电工程单元工程施工质量验收评定标准——混凝土工程》SL 632—2012进行了施工质量验收评定。

事件4：承包人组织有关人员对闸墩混凝土出现的竖向裂缝在工程质量缺陷备案表中进行了如实填写，并报监理机构备案，作为工程竣工验收备查资料。工程质量缺陷备案表填写内容包括质量缺陷产生的部位、原因等。

事件5：土坝坝面作业中，承包人进行了铺土、平土、铺筑反滤层及质量检查等工序作业。

问题：

1. 根据事件1，计算泄水闸C30混凝土的水胶比和砂率（保留小数点后两位）。
2. 根据事件2，计算混凝土坍落度。
3. 事件3中，除模板安装、钢筋制作及安装外，闸墩施工质量验收评定工作还应包括哪些内容？
4. 指出并改正事件4中质量缺陷备案处理程序的不妥之处；除给出的填写内容外，工程质量缺陷备案表还应填写哪些内容？
5. 事件5中，除铺土、平土、铺筑反滤层及质量检查外，土坝坝面作业还应包括哪些施工工序？

（二）

背景资料：

某小型水库除险加固工程的主要建设内容包括：土坝坝体加高培厚、新建坝体防渗系统、左岸和右岸输水涵进口拆除重建。依据《水利水电工程标准施工招标文件》编制招标文件。发包人与承包人签订的施工合同约定：（1）合同工期为210d，在一个非汛期完成；（2）签约合同价为680万元；（3）工程预付款为签约合同价的10%，开工前一次性支付，按 $R = \dfrac{A}{(F_2 - F_1)S}(C - F_1 S)$（其中 $F_2 = 80\%$，$F_1 = 20\%$）扣回；（4）提交履约保证金，不扣留质量保证金。

当地汛期为6~9月，左岸和右岸输水涵在非汛期互为导流；土坝土方填筑按均衡施工安排，当其完成工程量达70%时开始实施土坝护坡；防渗系统应在2021年4月10日（含）前完成，混凝土防渗墙和坝基帷幕灌浆可搭接施工。承包人编制的施工进度计划如图3所示（每月按30d计）。

项次	工程项目		持续时间（天）	开始时间	2020年 11	2020年 12	2021年 1	2021年 2	2021年 3	2021年 4	2021年 5
1	土坝	坝坡清理	45	2020年11月1日	▬▬						
2		土方填筑	100	2020年11月21日	▬	▬▬	▬				
3		护坡	60								
4	防渗系统	混凝土防渗墙	110	2020年12月1日							
5		坝基帷幕灌浆	90								
6	左岸输水涵	围堰填筑	10	2020年11月1日	▬						
7		围堰拆除	10								
8		进口拆除	20	2020年11月21日	▬						
9		进口施工	40	2020年12月1日							
10	右岸输水涵	围堰填筑	10	2021年1月21日			▬				
11		围堰拆除	10	2021年4月1日						▬	
12		进口拆除	20	2021年2月1日				▬			
13		进口施工	40								
14	收尾工作		30	2021年4月11日						▬	▬

图3　水库除险加固工程施工进度计划

工程施工过程中发生如下事件：

事件1：工程实施到第3个月时，本工程的项目经理调动到企业任另职，此时承包人向监理人提交了更换项目经理的申请。拟新任本工程项目经理人选当时正在某河道整治工程任项目经理，因建设资金未落实导致该河道整治工程施工暂停已有135d，河道整治工程的建设单位同意项目经理调走。

事件2：由于发包人未按期提供施工图纸，导致混凝土防渗墙推迟10d开始，承包人按监理人的指示采取赶工措施保证按期完成。截至2021年2月份，累计已完成合同额442万元；3月份完成合同额87万元，混凝土防渗墙的赶工费用为5万元，且无工程变更及根据合同应增加或减少金额。承包人按合同约定向监理人提交了 2021 年 3 月份的进度付款申请单及相应的支持性证明。

问题：
1. 根据背景资料，分别指出图 3 中土坝护坡的开始时间、坝基帷幕灌浆的最迟开始时间、左岸输水涵围堰拆除的结束时间、右岸输水涵进水口施工的开始时间。
2. 指出并改正事件 1 中承包人更换项目经理做法的不妥之处。
3. 根据《注册建造师执业管理办法（试行）》，事件 1 中拟新任本工程项目经理的人选是否违反建造师执业的相关规定？说明理由。
4. 计算事件 2 中 2021 年 3 月份的工程预付款的扣回金额；除没有产生费用的内容外，承包人提交的 2021 年 3 月份进度付款申请单内容还有哪些？相应的金额分别为多少万元？（计算结果保留小数点后 1 位）

（三）

背景资料：

某引调水工程，输水线路长 15km，工程建设内容包括渠道、泵站、节制闸、倒虹吸等，设计年引调水量 $1.2 \times 10^8 m^3$，施工工期 3 年。工程施工过程中发生如下事件：

事件1：监理机构组织项目法人、设计和施工等单位对工程进行项目划分，确定了主要分部工程、重要隐蔽单元工程等内容。项目法人在主体工程开工后一周内将项目划分表及说明书面报工程质量监督机构确认。

事件2：施工单位根据《大中型水电工程建设风险管理规范》GB/T 50927—2013，将本工程可能存在的项目风险，按照风险大小及影响程度并结合处置原则制定了相应的处置方法，具体包括风险利用、风险缓解、风险规避、风险自留和风险转移等，项目风险与处置方法对应关系见表2。

表2 项目风险与处置方法对应关系表

序号	项目风险	处置方法
1	损失大、概率大的灾难性风险	A
2	损失小、概率大的风险	B
3	损失大、概率小的风险	C
4	损失小、概率小的风险	D
5	有利于工程项目目标的风险	风险利用

事件3：施工单位在施工现场设置的安全标志牌有：①必须戴安全帽；②禁止跨越；③当心坠落等。

事件4：倒虹吸顶板混凝土施工时，模板支撑系统失稳倒塌，造成9人重伤、3人轻伤的生产安全事故。施工单位第一时间通过电话向当地政府相关部门快报了事故情况，内容包括施工单位名称、单位地址、法定代表人姓名和手机号，重伤、轻伤、失踪和失联人数等。

问题：

1. 根据《水利水电工程等级划分及洪水标准》SL 252—2017，判定该引调水工程的工程等别和主要建筑物级别。
2. 根据《水利水电工程施工质量检验与评定规程》SL 176—2007，指出事件1中项目划分的不妥之处，并写出正确做法。工程项目划分除确定主要分部工程、重要隐蔽单元工程外，还应确定哪些内容？
3. 根据事件2，指出表2中字母A、B、C、D分别代表的风险处置方法。
4. 分别指出事件3中①、②、③三个标志牌对应的安全标志类型。
5. 根据《水利部生产安全事故应急预案》，判定事件4中的生产安全事故等级。除所列内容外，快报内容还应包括哪些？

(四)

背景资料:

某大型引调水工程施工标投标最高限价3亿元,主要工程内容包括水闸、渠道及管理设施等。招标文件按照《水利水电工程标准施工招标文件》(2009年版)编制。建设管理过程中发生如下事件。

事件1:招标文件有关投标保证金的条款如下。

条款1:投标保证金可以银行保函方式提交,以现金或支票方式提交的,必须从其基本账户转出。

条款2:投标保证金应在开标前3d向招标人提交。

条款3:联合体投标的,投标保证金必须由牵头人提交。

条款4:投标保证金有效期从递交投标文件开始,延续到投标有效期满后30d止。

条款5:签订合同后5个工作日内,招标人向未中标的投标人退还投标保证金和利息,中标人的投标保证金和利息在扣除招标代理费后退还。

事件2:某投标人编制的投标文件中,柴油预算价格计算表见表3。

表3 柴油预算价格计算表

序号	费用名称	计算公式	不含增值税价格(元/t)	备注
1	材料原价			含税价格6780元/t,增值税率为13%
2	运杂费			运距20km,运杂费标准10元/t·km
3	运输保险费			费率1.0%
4	采购及保管费			费率2.2%
	预算价格(不含增值税)			

事件3:中标公示期间,第二中标候选人投诉第一中标候选人项目经理有在建工程(担任项目经理)。经核查该工程已竣工验收,但在当地建设行政主管部门监管平台中未销号。

事件4:招标阶段,初设批复的管理设施无法确定准确价格,发包人以暂列金额600万元方式在工程量清单中明标列出,并说明若总承包单位未中标,该部分适用分包管理。合同实施期间,发包人对管理设施公开招标,总承包单位参与投标,但未中标。随后发包人与中标人就管理设施签订合同。

事件5:承包人已按发包人要求提交履约保证金。合同支付条款中,工程质量保证金的相关规定如下。

条款1:工程建设期间,每月在工程进度支付款中按3%比例预留,总额不超过工程价款结算总额的3%。

条款2:工程质量保修期间,以现金、支票、汇票方式预留工程质量保证金的,预留总额为工程价款结算总额的5%;以银行保函方式预留工程质量保证金的,预留总额为工程价款结算总额的3%。

条款3:工程质量保证金担保期限从通过工程竣工验收之日起计算。

条款4:工程质量保修期限内,由于承包人原因造成的缺陷,处理费用超过工程质量保证金数额的,发包人还可以索赔。

条款5：工程质量保修期满时，发包人将在30个工作日内将工程质量保证金及利息退回给承包人。

问题：
1. 指出并改正事件1中不合理的投标保证金条款。
2. 根据事件2，绘制并完善柴油预算价格计算表（表4）。

表4 柴油预算价格计算表

序号	费用名称	计算公式	不含增值税价格(元/t)
1	材料原价		
2	运杂费		
3	运输保险费		
4	采购及保管费		
	预算价格(不含增值税)		

3. 事件3中，第二中标候选人的投诉程序是否妥当？调查结论是否影响中标结果？并分别说明理由。
4. 指出事件4中发包人做法的不妥之处，并说明理由。
5. 根据《建设工程质量保证金管理办法》和《水利水电工程标准施工招标文件》(2009年版)，事件5工程质量保证金条款中，不合理的条款有哪些？说明理由。

（五）

背景资料：

某引调水枢纽工程，工程规模为中型，建设内容主要有泵站、节制闸、新筑堤防、上下游河道疏浚等，泵站地基设高压旋喷桩防渗墙，工程布置如图4所示。

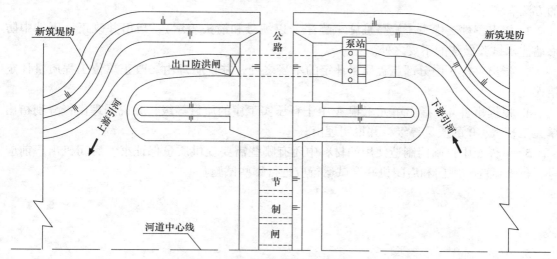

图4 工程布置示意图

施工中发生如下事件：

事件1：为做好泵站和节制闸基坑土方开挖工程量计量工作，施工单位编制了土方开挖工程测量方案，明确了开挖工程测量的内容和开挖工程量计算中面积计算的方法。

事件2：高压旋喷桩防渗墙施工方案中，高压旋喷桩的主要施工内容包括：①钻孔、②试喷、③喷射提升、④下喷射管、⑤成桩。为检验防渗墙的防渗效果，旋喷桩桩体水泥土凝固28d后，在防渗墙体中部选取一点进行钻孔注水试验。

事件3：关于施工质量评定工作的组织要求如下：分部工程质量由施工单位自评，监理单位复核，项目法人认定。分部工程验收质量结论由项目法人报工程质量监督机构核备，其中主要建筑物节制闸和泵站的分部工程验收质量结论由项目法人报工程质量监督机构核定。单位工程质量在施工单位自评合格后，由监理单位抽检，项目法人核定。单位工程验收质量结论报工程质量监督机构核备。

事件4：监理单位对部分单元（工序）工程质量复核情况见表5。

表5 部分单元（工序）工程质量复核情况

单元工程代码	单元工程类别	单元(工序)工程质量复核情况
A	堤防填筑	土料摊铺工序符合优良质量标准。土料压实工序中主控项目检验点100%合格，一般项目逐项合格率为87%~89%，且不合格点不集中
B	河道疏浚	主控项目检验点100%合格，一般项目逐项合格率为70%~80%，且不合格点不集中

事件5：闸门制造过程中，监理工程师对闸门制造使用的钢材、防腐涂料、止水等材料

的质量保证书进行了查验。启闭机出厂前，监理工程师组织有关单位进行启闭机整体组装检查和厂内有关试验。当闸门和启闭机现场安装完成后，进行联合试运行和相关试验。

问题：

1. 事件1中，基坑土方开挖工程测量包括哪些工作内容？开挖工程量计算中面积计算的方法有哪些？

2. 指出事件2中高压旋喷桩施工程序（以编号和箭头表示）；指出并改正该事件中防渗墙注水试验做法的不妥之处。

3. 指出事件3中分部工程质量评定的不妥之处，并说明理由。改正单位工程质量评定错误之处。

4. 根据事件4，指出单元工程A中土料压实工序的质量等级，并说明理由；分别指出单元工程A、B的质量等级，并说明理由。

5. 事件5中，闸门制造使用的材料中还有哪些需要提供质量保证书？启闭机出厂前应进行什么试验？闸门和启闭机联合试运行应进行哪些试验？

考前冲刺试卷（一）参考答案及解析

一、单项选择题

1. A；　　2. B；　　3. B；　　4. B；　　5. C；
6. A；　　7. D；　　8. C；　　9. B；　　10. D；
11. C；　　12. A；　　13. A；　　14. C；　　15. C；
16. D；　　17. D；　　18. B；　　19. C；　　20. B。

【解析】

1. A。本题考核的是水利水电工程测量误差。测量误差按其产生的原因和对观测结果影响性质的不同，可以分为系统误差、偶然误差和粗差三类。

2. B。本题考核的是永久性水工建筑物级别。水利水电工程的永久性水工建筑物的级别应根据建筑物所在工程的等别，以及建筑物的重要性确定为五级，分别为1、2、3、4、5级，见表6。

表6　永久性水工建筑物级别

工程等别	主要建筑物	次要建筑物	工程等别	主要建筑物	次要建筑物
Ⅰ	1	3	Ⅳ	4	5
Ⅱ	2	3	Ⅴ	5	5
Ⅲ	3	4			

3. B。本题考核的是水利工程合理使用年限。水利水电工程及其水工建筑物合理使用年限是指，水利水电工程及其水工建筑物建成投入运行后，在正常运行使用和规定的维修条件下，能按设计功能安全使用的最低要求年限，故选项A错误。当永久性水工建筑物级别提高或降低时，其合理使用年限应不变，故选项B正确。工程等别为Ⅰ等，水库合理使用年限为150年，故选项C错误。1级、2级永久性水工建筑物中闸门的合理使用年限应为50年，其他级别的永久性水工建筑物中闸门的合理使用年限应为30年，故选项D错误。

4. B。本题考核的是混凝土的细集料。粒径在0.16~5mm之间的集料，按形成条件分为天然砂、人工砂；按细度模数 $F \cdot M$ 分为粗砂（$F \cdot M = 3.7 \sim 3.1$）、中砂（$F \cdot M = 3.0 \sim 2.3$）、细砂（$F \cdot M = 2.2 \sim 1.6$）、特细砂（$F \cdot M = 1.5 \sim 0.7$）。

5. C。本题考核的是消能与防冲方式。消能与防冲方式有：底流消能、挑流消能、面流消能、消力戽消能、水垫消能、空中对冲消能等。本题所示为水垫消能。

6. A。本题考核的是固结灌浆的压水试验。固结灌浆工程的质量检查也可采用钻孔压水试验的方法，检测时间可在灌浆结束7d或3d后进行。检查孔的数量不宜少于灌浆孔总数的5%，压水试验应采用单点法，即160×5%=8个。

7. D。本题考核的是堆石坝坝体填筑。堆石体填筑可采用自卸汽车后退法或进占法卸料，推土机摊平。后退法的优点是汽车可在压平的坝面上行驶，减轻轮胎磨损；缺点是推土机摊平工作量大，且影响施工进度。进占法卸料，虽料物稍有分离，但对坝料质量无明显影响，并且显著减轻了推土机的摊平工作量，使堆石填筑速度加快。垫层料的摊铺多用后退法，以减轻物料的分离。当压实层厚度大时，可采用混合法卸料，即先用后退法卸料呈分散堆状，再用进占法卸料铺平，以减轻物料的分离。

8. C。本题考核的是混凝土浇筑与温度控制。选项A错误，拌合楼宜采用加冰、加制冷水拌合混凝土。加冰时宜采用片冰或冰屑，常态混凝土加冰率不宜超过总水量的70%，碾压混凝土加冰率不宜超过总水量的50%。选项B错误，对于砂砾地基，应清除杂物，整平建基面，再浇10~20cm低强度等级的混凝土作垫层，以防漏浆；对于土基应先铺碎石，盖上湿砂，压实后，再浇筑混凝土；对于岩基，在爆破后，用人工清除表面松软岩石、棱角和反坡，并用高压水枪冲洗，若粘有油污和杂物，可用金属丝刷洗，直至洁净为止，最后，再用高压风吹至岩面无积水，经质检合格，才能开仓浇筑。选项D错误，采用高压水冲毛，视气温高低，可在浇筑后5~20h进行；当用风砂枪打毛时，一般应在浇筑后一两天进行。

9. B。本题考核的是拆模时混凝土强度要求。钢筋混凝土结构的承重模板，要求达到下列规定值（按混凝土设计强度等级的百分率计算）时才能拆模：（1）悬臂板、梁：跨度$l \leq 2m$，75%；跨度$l > 2m$，100%；（2）其他梁、板、拱：跨度$l \leq 2m$，50%；$2m <$跨度$l \leq 8m$，75%；跨度$l > 8m$，100%。

10. D。本题考核的是高空作业要求。高处作业的种类分为一般高处作业和特殊高处作业两种。其中特殊高处作业又分为以下几个类别：强风高处作业、异温高处作业、雪天高处作业、雨天高处作业、夜间高处作业、带电高处作业、悬空高处作业、抢救高处作业。一般高处作业系指特殊高处作业以外的高处作业。

11. C。本题考核的是可行性研究报告阶段解决的重点问题。可行性研究报告应对项目进行方案比较，对技术上是否可行、经济上是否合理和环境以及社会影响是否可控进行充分的科学分析和论证。解决项目建设技术、经济、环境、社会可行性问题。

12. A。本题考核的是水利工程施工准备阶段的工作内容。根据水利部《关于调整水利工程建设项目施工准备条件的通知》，施工准备阶段的主要工作有：（1）施工现场的征地、拆迁；（2）完成施工用水、电、通信、路和场地平整等工程；（3）必须的生产、生活临时建筑工程；（4）实施经批准的应急工程、试验工程等专项工程；（5）组织招标设计、咨询、设备和物资采购等服务；（6）组织相关监理招标，组织主体工程招标准备工作。

13. A。本题考核的是水利安全生产标准化达标动态管理。达标单位在证书有效期内累计记分达到10分，实施黄牌警示；累计记分达到15分，证书期满后将不予延期；累计记分达到20分，撤销证书。

14. C。本题考核的是质量监督管理。质量监督一般采取巡视检查的工作方式。巡视检查主要分为阶段性质量监督检查、专项质量监督检查和随机抽查质量监督检查。

15. C。本题考核的是水利工程竣工验收自查。申请工程竣工验收前，项目法人应组织竣工验收自查。自查工作由项目法人主持，勘测、设计、监理、施工、主要设备制造（供应）商以及运行管理等单位的代表参加。

16. D。本题考核的是生产建设项目水土保持设施验收。根据《国务院关于取消一批行政许可事项的决定》，取消了各级水行政主管部门实施的生产建设项目水土保持设施验收审批行政许可事项，转为生产建设单位按照有关要求自主开展水土保持设施验收。

17. D。本题考核的是危险性较大单项工程的规模标准。开挖深度超过 16m 的人工挖孔桩工程属于超过一定规模的危险性较大的单项工程，故选项 A 错误。架体高度 20m 及以上悬挑式脚手架工程属于超过一定规模的危险性较大的单项工程，故选项 B 错误。开挖深度超过 5m（含 5m）的基坑（槽）的土方开挖、支护、降水工程，故选项 C 错误。搭设高度 24~50m 的落地式钢管脚手架工程属于超过一定规模的危险性较大的单项工程。

18. B。本题考核的是水力发电工程监理合同商务管理的内容。工程变更指令由业主或业主授权监理机构审查、批准后发出。

19. C。本题考核的是水土保持方案的预防规定。水土保持方案实施过程中，水土保持措施需要作出重大变更的，应当经原审批机关批准。

20. B。本题考核的是水工建筑物地下开挖工程施工技术。当相向开挖的两个工作面相距小于 30m 或 5 倍洞径距离爆破时，双方人员均需撤离工作面；相距 15m 时，应停止一方工作，单向开挖贯通。竖井或斜井单向自下而上开挖，距贯通面 5m 时，应自上而下贯通。

二、多项选择题

21. A、B、D；   22. A、E；   23. B、C、E；
24. B、D；   25. A、B、C；   26. A、B、C；
27. C、E；   28. D、E；   29. A、B、C；
30. A、C、D。

【解析】

21. A、B、D。本题考核的是钢筋检验。到货钢筋应分批检查每批钢筋的外观质量，查看锈蚀程度及有无裂缝、结疤、麻坑、气泡、砸碰伤痕等，并应测量钢筋的直径。检验时以 60t 同一炉（批）号、同一规格尺寸的钢筋为一批。随机选取 2 根经外部质量检查和直径测量合格的钢筋，各截取一个抗拉试件和一个冷弯试件进行检验，不得在同一根钢筋上取两个或两个以上同用途的试件。钢筋取样时，钢筋端部要先截去 500mm 再取试样。在拉力检验项目中，包括屈服点、抗拉强度和伸长率三个指标，如有一个指标不符合规定，即认为拉力检验项目不合格。

22. A、E。本题考核的是土方填筑压实机械。土方填筑压实机械分为静压碾压（如羊脚碾、气胎碾等）、振动碾压、夯击（如夯板）碾压三种基本类型。

23. B、C、E。本题考核的是水闸下游连接段的内容。下游连接段用以消除过闸水流的剩余能量，引导出闸水流均匀扩散，调整流速分布和减缓流速，防止水流出闸后对下游的冲刷。一般包括消力池、护坦、海漫、下游防冲槽以及下游翼墙和两岸的护坡等。

24. B、D。本题考核的是水轮机的选用。轴流式水轮机在中低水头、大流量水电站中得到了广泛应用。贯流式是低水头、大流量水电站的一种专用机型。选项 A 适用于高水头、小流量水电站。选项 C 一般多用于中小型水电站；选项 E 仅适用于单机出力不超过 1000kW 的小型水电站。

25. A、B、C。本题考核的是项目后评价的内容。项目后评价的主要内容：（1）过程评价：前期工作、建设实施、运行管理等；（2）经济评价：财务评价、国民经济评价等；（3）社会影响及移民安置评价：社会影响和移民安置规划实施及效果等；（4）环境影响及水土保持评价：工程影响区主要生态环境、水土流失问题，环境保护、水土保持措施执行情况，环境影响情况等；（5）目标和可持续性评价：项目目标的实现程度及可持续性的评价等；(6) 综合评价：对项目实施成功程度的综合评价。

26. A、B、C。本题考核的是竣工审计方法。审计方法应主要包括详查法、抽查法、核对法、调查法、分析法、其他方法等。其中其他方法包括：(1) 按照审查书面资料的技术，可分为审阅法、复算法、比较法等。(2) 按照审查资料的顺序，可分为逆查法和顺查法等。(3) 实物核对的方法，可分为盘点法、调节法和鉴定法等。

27. C、E。本题考核的是水利工程设计单位质量管理的内容。责任人包括直接责任人和领导责任人。

28. D、E。本题考核的是副总监理工程师的职责。总监理工程师可书面授权副总监理工程师或监理工程师履行其部分职责，但下列工作除外：(1) 主持编制监理规划，审批监理实施细则。(2) 主持审查承包人提出的分包项目和分包人。(3) 审批承包人提交的合同工程开工申请、施工组织设计、施工总进度计划、年施工进度计划、专项施工进度计划、资金流计划。(4) 审批承包人按有关安全规定和合同要求提交的专项施工方案、度汛方案和灾害应急预案。(5) 签发施工图纸。(6) 主持第一次监理工地会议，签发合同工程开工通知、暂停施工指示和复工通知。(7) 签发各类付款证书。(8) 签发变更、索赔和违约有关文件。(9) 签署工程项目施工质量等级评定意见。(10) 要求承包人撤换不称职或不宜在本工程工作的现场施工人员或技术、管理人员。(11) 签发监理月报、监理专题报告和监理工作报告。(12) 参加合同工程完工验收、阶段验收和竣工验收。

29. A、B、C。本题考核的是建设项目管理专项制度。水利工程施工监理、水土保持工程施工监理专业资质等级分为甲级、乙级、丙级三个等级，机电及金属结构设备制造监理专业资质分为甲级、乙级两个等级，水利工程建设环境保护监理专业资质暂不分级。

30. A、C、D。本题考核的是劳动安全与工业卫生的有关要求。防洪防淹设施应设置不少于2个的独立电源供电，且任意一电源均应能满足工作负荷的要求，故选项A正确。人货两用的施工升降机在使用时，严禁人货混装，故选项B错误。地下洞室开挖施工过程中，洞内氧气体积不应少于20%，故选项C正确。3级土石围堰的防渗体顶部应预留完工后的沉降超高，故选项D正确。隔6个月按相关规定对仪器进行放射源泄漏检查，检查结果不符合要求的仪器不得再投入使用，故选项E错误。

三、实务操作和案例分析题

（一）

1. 泄水闸C30混凝土的水胶比和砂率的计算如下：

（1）水胶比 $= \dfrac{170}{260+40+35+15} = 0.49$

（2）砂率 $= \dfrac{752}{752+1082} \times 100\% = 41\%$

2. 混凝土坍落度 $= 300 - 180 = 120$ mm。

3. 除模板安装、钢筋制作及安装外，闸墩施工质量验收评定工作还应包括：施工缝处理、预埋件（止水、伸缩缝等）制作及安装、混凝土浇筑（含养护、脱模）、外观质量检查。

4. 事件4中质量缺陷备案处理程序的不妥之处及改正：

不妥之处：承包人组织质量缺陷备案表填写，报监理单位备案。
正确做法：应由监理单位组织质量缺陷备案表填写，报工程质量监督机构备案。
除给出的填写内容外，工程质量缺陷备案表还应填写内容包括：对质量缺陷是否处理和如何处理及对建筑物使用的影响。

5. 除铺土、平土、铺筑反滤层及质量检查外，土坝坝面作业还应包括：洒水或晾晒（控制含水量）、土料压实、修整边坡、排水体及护坡。

（二）

1. 对各工程项目开始时间、结束时间的判断如下：
（1）土坝护坡的开始时间：2021年2月1日；
（2）坝基帷幕灌浆的最迟开始时间：2021年1月11日；
（3）左岸输水涵围堰拆除的结束时间：2021年1月20日；
（4）右岸输水涵进水口施工的开始时间：2021年2月21日。

2. 承包人更换项目经理做法的不妥之处：本工程的项目经理调动到企业任另职，此时承包人仅向监理人提交了更换项目经理的申请。
改正：承包人更换项目经理应事先征得发包人同意，并应在更换项目经理14d前通知发包人和监理人。

3. 事件1中拟新任本工程项目经理的人选不违反建造师执业相关要求。
理由：根据《注册建造师执业管理办法（试行）》第九条，注册建造师不得同时担任两个及以上建设工程施工项目负责人。因非承包方原因致使工程项目停工超过120d（含），经建设单位同意的除外。
本题是由于建设资金未落实导致的暂停，属于建设单位的原因导致的暂停施工，已有135d 超过了120d，并且已经征得了该工程建设单位的同意，故满足规定要求。

4. 关于预付款的计算如下：
（1）预付款总额 $A = 680 \times 10\% = 68.0$ 万元；
（2）根据预付款扣回公式可知截至2021年2月底累计已扣回的合同金额：截至2021年2月底累计已扣回的合同金额；$R_2 = 68.0 \times (442 - 20\% \times 680)/(80\% \times 680 - 20\% \times 680) = 51.0$ 万元；
（3）截至2021年3月底累计应扣回的合同金额：$R_3 = 68.0 \times (442 + 87 - 20\% \times 680)/(80\% \times 680 - 20\% \times 680) = 65.5$ 万元；因为65.5万元＜68万元，所以3月份的工程预付款扣回金额为：$65.5 - 51.0 = 14.5$ 万元。
承包人提交的2021年3月份进度付款中清单内容还包括：截至本次付款周期末已实施工程的价款、索赔金额、扣减的返还预付款。
截至本次付款周期末已实施工程的价款 $442 + 87 = 529$ 万元；索赔金额为5.0万元；扣减的返还预付款14.5万元。

（三）

1. 该引调水工程的等别为Ⅲ等；主要建筑物级别为3级。
2. 事件1中项目划分的不妥之处及正确做法如下。
不妥之处1：监理机构组织项目法人、设计和施工等单位对工程进行项目划分；

正确做法：项目法人组织监理、设计及施工等单位对工程进行项目划分。

不妥之处 2：项目法人在主体工程开工后一周内将项目划分表及说明书面报工程质量监督机构确认。

正确做法：项目法人在主体工程开工前将项目划分表及说明书面报工程质量监督机构确认。

工程项目划分还应确定的内容：主要单位工程、关键部位单元工程。

3. 表中字母分别代表的风险处置方法：A：风险规避；B：风险缓解；C：风险转移；D：风险自留。

4. 事件 3 中①、②、③三个标志牌对应的安全标志类型：

必须戴安全帽（或①）——指令标志；

禁止跨越（或②）——禁止标志；

当心坠落（或③）——警告标志。

5. 造成 9 人重伤、3 人轻伤的生产安全事故等级为一般事故。

除所列内容外，快报内容还应包括：发生时间、具体地点、损失情况。

（四）

1. 事件 1 中的不合理投标保证金条款及改正如下：

（1）条款 2 不合理。

改正：投标保证金应在开标前随投标文件向招标人提交。

（2）条款 4 不合理。

改正：投标保证金有效期从递交投标文件开始，延续到投标有效期满。

（3）条款 5 不合理。

改正：签订合同后 5 个工作日内，招标人向未中标人和中标人退还投标保证金和利息。

2. 柴油预算价格计算见表 7。

表 7　柴油预算价格计算表

序号	费用名称	计算公式	不含增值税价格(元/t)
1	材料原价	含税价格/(1+增值税率)	6780/(1+13%)=6000.00
2	运杂费	运距×运杂费标准	20×10=200.00
3	运输保险费	材料原价×运输保险费率	6000.00×1.0%=60.00
4	采购及保管费	(材料原价+运杂费)×采购及保管费率	(6000.00+200.00)×2.2%=136.40
预算价格(不含增值税)		材料原价+运杂费+运输保险费+采购及保管费	6000.00+200.00+60.00+136.40=6396.40

3. 事件 3 中的投诉程序不妥。

理由：应先提出异议，不满意再投诉。

事件 3 中的调查结论不影响中标结果。

理由：该项目经理所负责工程已经竣工验收。

4. 事件 4 中发包人做法的不妥之处及理由如下：

不妥之处一：将管理设施列为暂列金额项目。

理由：管理设施已经初设批复，属于确定实施项目，只是价格无法确定，应当列为暂估价项目。

不妥之处二：发包人与管理设施中标人签订合同。

理由：总承包人没有中标管理设施时，暂估价项目应当由总承包人与管理设施中标人签订合同。

5. 事件5中工程质量保证金条款中的不合理条款及理由如下：

（1）条款1不合理。

理由：工程建设期间，承包人已提交履约保证金的，每月工程进度支付款不再预留工程质量保证金。

（2）条款2不合理。

理由：以现金、支票、汇票方式预留工程质量保证金的，预留总额亦不应超过工程价款结算总额的3%。

（3）条款3不合理。

理由：工程质量保证金担保期限从通过合同工程完工验收之日起计算。

（五）

1. 基坑土方开挖工程测量的工作内容包括：

（1）开挖区原始地形图和原始断面图测量；

（2）开挖轮廓点放样；

（3）开挖过程中，测量收方断面图或地形图；

（4）开挖竣工地形、断面测量和工程量测量。

开挖工程量面积计算的方法可采用解析法或图解法（求积仪）。

2. 高压旋喷桩施工程序：①→④→②→③→⑤。

在防渗墙体中部选取一点钻孔进行注水试验不妥。应在旋喷桩防渗墙水泥凝固前，在指定位置贴接加厚单元墙，待凝固28d后，在防渗墙和加厚单元墙中间钻孔进行注水试验，试验点数不少于3点。

3. 主要建筑物节制闸和泵站的分部工程验收质量结论由项目法人报工程质量监督机构核定不妥。本枢纽工程为中型枢纽工程（或应报工程质量监督机构核备）。大型枢纽工程主要建筑物的分部工程验收质量结论由项目法人报工程质量监督机构核定。

单位工程质量在施工单位自评合格后，由监理单位复核，项目法人认定。单位工程验收的质量结论由工程质量监督机构核定。

4. 土料压实工序质量等级为合格，因为一般项目合格率<90%。

A单元工程质量等级为合格，因为该单元工程的一般项目逐项合格率70%~80%（大于70%，而小于90%）、主要工序（或涂料压实工序）合格，未达到优良等级标准。

B单元工程质量等级为不合格，因为该单元工程为河道疏浚工程，逐项应有90%及以上检验点合格。

5. 闸门制造使用的焊材、标准件和非标准件需要质量保证书。

启闭机出厂前应进行空载模拟试验（或额定荷载试验）。

闸门和启闭机联合试运行应进行电气设备试验、无载荷试验（或无水启闭试验）和载荷试验（或动水启闭试验）。

《水利水电工程管理与实务》考前冲刺试卷（二）及解析

学习遇到问题？
扫码在线答疑

《水利水电工程管理与实务》考前冲刺试卷（二）

一、单项选择题（共20题，每题1分。每题的备选项中，只有1个最符合题意）

1. 使用经纬仪时，"照准"的操作步骤包括：①粗瞄目标；②目镜调焦；③物镜调焦；④准确瞄准目标。正确的顺序是（　　）。
   A. ①—③—②—④　　　　　　　　B. ①—②—③—④
   C. ②—①—③—④　　　　　　　　D. ③—②—①—④

2. 下列描述边坡变形破坏的现象中，松弛张裂是（　　）。
   A. 土体发生长期缓慢的塑性变形　　B. 土体裂隙张开，无明显相对位移
   C. 土体沿贯通的剪切破坏面滑动　　D. 岩体突然脱离母岩

3. 根据《水利工程质量监督管理规定》，水利工程建设项目的质量监督期截止日到（　　）截止。
   A. 颁发合同工程完工证书　　　　　B. 工程竣工验收
   C. 竣工验收委员会同意工程交付使用　D. 合同工程完工

4. 某施工单位承担一水电站工程项目施工，其中施工单位可以分包的工程项目是（　　）。
   A. 电站厂房　　　　　　　　　　　B. 坝体填筑
   C. 大坝护坡　　　　　　　　　　　D. 尾水渠护坡

5. 用铁锹能铲动的土属于（　　）类土。
   A. Ⅰ　　　　　　　　　　　　　　B. Ⅱ
   C. Ⅲ　　　　　　　　　　　　　　D. Ⅳ

6. 根据《水利工程工程量清单计价规范》GB 50501—2007，某分类分项工程的项目编码为010302004014，其中004这一级编码的含义是（　　）。
   A. 清单项目顺序码　　　　　　　　B. 分类工程顺序码
   C. 分项工程顺序码　　　　　　　　D. 水利工程顺序码

7. 根据水利部《关于印发水利建设市场主体信用评价管理办法的通知》，水利建设市场主体信用等级为AA级的信用评价是（　　）。
   A. 信用很好　　　　　　　　　　　B. 信用良好
   C. 信用较好　　　　　　　　　　　D. 信用一般

8. 根据《大中型水利水电工程建设征地补偿和移民安置条例》，移民安置工作的管理体制是（　　）。
   A. 政府领导、分级负责、县为基础、项目法人参与
   B. 政府领导、分级负责、施工单位参与、项目法人实施
   C. 政府领导、省为基础、质量管理机构参与
   D. 分级负责、县为基础、施工单位实施

9. 某水库工程验收工作中，属于政府验收的是（　　）。
   A. 下闸蓄水验收　　　　　　　　B. 合同工程完工
   C. 分部工程验收　　　　　　　　D. 单位工程验收

10. 水利工程施工中，起重机械从220kV高压线下通过时，其最高点与高压线之间的最小垂直距离不得小于（　　）m。
    A. 6　　　　　　　　　　　　　B. 4
    C. 7　　　　　　　　　　　　　D. 5

11. 根据《水利水电工程施工安全管理导则》SL 721—2015，专项施工方案经审核合格的，应由（　　）签字确认。
    A. 项目负责人　　　　　　　　　B. 建设单位技术负责人
    C. 施工单位技术负责人　　　　　D. 监理工程师

12. 某水闸底板混凝土采用平浇法施工，最大混凝土块浇筑面积400m²，浇筑层厚40cm，混凝土初凝时间按3h计，混凝土从出机口到浇筑入仓历时30min，则该工程拌合站小时生产能力最小应为（　　）m³/h。
    A. 32.0　　　　　　　　　　　　B. 64.0
    C. 35.2　　　　　　　　　　　　D. 70.4

13. 根据《水利水电工程施工质量检验与评定规程》SL 176—2007，水利水电工程施工质量评定表应由（　　）填写。
    A. 监理单位　　　　　　　　　　B. 施工单位
    C. 质量监督机构　　　　　　　　D. 项目法人

14. 土坝黏性土填筑的设计控制指标包括最优含水率和（　　）。
    A. 相对密实度　　　　　　　　　B. 最大干密度
    C. 密实度　　　　　　　　　　　D. 压实度

15. 承包人要求更改发包人提供的工程设备交货地点，应事先报请（　　）批准。
    A. 项目法人　　　　　　　　　　B. 供货方
    C. 发包人　　　　　　　　　　　D. 监理人

16. 横缝分段的特点是（　　）。
    A. 一般自地基垂直贯穿至坝顶，在上、下游坝面附近设置止水系统
    B. 缝面一般不灌浆
    C. 浇块高度一般在3m以内
    D. 坝体尺寸较小，一般长8~14m，分层厚度1~4m

17. 根据《水利水电工程施工组织设计规范》SL 303—2017，工程施工总工期中不包括（　　）。
    A. 主体工程施工期　　　　　　　B. 工程准备期

C. 工程完建期 D. 工程筹建期

18. 根据《水利基本建设项目竣工决算审计规程》SL 557—2012，对审计结论有关整改意见项目法人应在收到审计结论（　　）个工作日内执行完毕。
A. 30 B. 60
C. 90 D. 120

19. 根据《中华人民共和国防洪法》规定，河道工程在汛期安全运用的上限水位是（　　）。
A. 设计水位 B. 保证水位
C. 警戒水位 D. 汛限水位

20. 根据《水利水电工程施工组织设计规范》SL 303—2017，不过水土石围堰堰顶高程应（　　）。
A. 不低于设计洪水静水位与波浪高度之和
B. 不低于设计洪水静水位与安全加高值之和
C. 不低于设计洪水静水位与波浪高度及安全加高值之和
D. 不低于设计洪水静水位

二、多项选择题（共10题，每题2分。每题的备选项中，有2个或2个以上符合题意，至少有1个错误选项。错选，本题不得分；少选，所选的每个选项得0.5分）

21. 反铲挖掘机每一作业循环包括（　　）等过程。
A. 卸料 B. 返回
C. 挖掘 D. 回转
E. 运土

22. 根据《水电建设工程质量管理暂行办法》的规定，按对工程的耐久性、可靠性和正常使用的影响程度，检查、处理事故对工期的影响时间长短和直接经济损失的大小，工程质量事故可分为（　　）。
A. 特大质量事故 B. 重大质量事故
C. 轻微质量事故 D. 质量缺陷事故
E. 一般质量事故

23. 按爆破对象的不同，水利水电工程爆破通常分为（　　）。
A. 台阶爆破 B. 明挖爆破
C. 光面爆破 D. 地下洞室爆破
E. 围堰爆破

24. 有关水轮发电机组安装要求的说法，正确的有（　　）。
A. 设备基础混凝土强度应达到设计值的50%以上
B. 设备基础垫板的埋设中心和分布位置偏差一般不大于10mm
C. 组合螺栓及销钉周围应有一定的间隙
D. 组合缝处安装面错牙一般不超过0.10mm
E. 单个冷却器应按设计要求的试验压力进行耐水压试验

25. 土石坝填筑工程中，关于土石坝填筑作业的说法，正确的有（　　）。
A. 黏性土含水量较低，主要应在料场加水
B. 采用气胎碾压实的土质，应刨毛处理，以利层间结合

C. 碾压测试确定的厚度辅料、整平
D. 石渣料压实前应充分加水
E. 辅料宜垂直于坝轴线进行，超径块料应打碎

26. 根据《水利部关于印发〈构建水利安全生产风险管控"六项机制"的实施意见〉的通知》，下列属于风险管控"六项机制"的有（   ）。
   A. 风险查找   B. 风险转移
   C. 风险防范   D. 风险预警
   E. 风险处置

27. 关于安全生产管理人员安全生产考核的主要要求的说法，正确的有（   ）。
   A. 施工企业主要负责人的安全生产考核合格证书的有效期为5年
   B. 安全生产管理人员的证书延续一次的有效期为5年
   C. 安全生产管理人员申领安全生产考核合格证书必须经安全生产教育培训合格
   D. 安全生产管理人员以欺骗手段取得证书的，3年内不得再次申请安全生产考核
   E. 安全生产管理人员提供虚假材料申请安全生产考核的，1年内不得再次申请安全生产考核

28. 根据《水利水电工程施工质量检验与评定规程》SL 176—2007，项目按级划分为（   ）。
   A. 临时工程   B. 单位工程
   C. 分项工程   D. 分部工程
   E. 单元（工序）工程

29. 关于水利工程验收的组织，说法错误的有（   ）。
   A. 单位工程验收应由项目法人主持
   B. 主要建筑物单位工程验收应通知法人验收监督管理机关
   C. 需要提前投入使用的单位工程，完工后进行验收
   D. 项目法人应在收到验收申请报告之日起10日内决定是否同意进行验收
   E. 单位工程验收工作组成员应具有中级及其以上技术职称，每个单位代表人数不宜超过5名

30. 根据《水电建设工程质量管理暂行办法》（电水农〔1997〕220号），由项目法人委托设计单位提出事故处理方案的有（   ）。
   A. 重大质量事故   B. 较大质量事故
   C. 质量缺陷   D. 特大质量事故
   E. 一般质量事故

三、实务操作和案例分析题（共5题，（一）、（二）、（三）题各20分，（四）、（五）题各30分）

（一）

背景资料：

某堤防工程合同结算价2000万元，工期1年，招标人依据《水利水电工程标准施工招标文件》（2009年版）编制招标文件，部分内容摘录如下：

（1）投标人近5年至少应具有2项合同价1800万元以上的类似工程业绩。

(2) 临时工程为总价承包项目，总价承包项目应进行子目分解，临时房屋建筑工程中，投标人除考虑自身的生产、生活用房外，还需要考虑发包人、监理人、设计单位办公和生活用房。

(3) 劳务作业分包应遵守如下条款：①主要建筑物的主体结构施工不允许有劳务作业分包。②劳务作业分包单位必须持有安全生产许可证。③劳务人员必须实行实名制。④劳务作业单位必须设立劳务人员支付专用账户。可委托施工总承包单位直接支付劳务人员工资。⑤经发包人同意，总承包单位可以将包含劳务、材料、机械的简单土方工程委托劳务作业单位施工。⑥经总承包单位同意，劳务作业单位可以将劳务作业再分包。

(4) 合同双方义务条款中，部分内容包括：①组织单元工程质量评定。②组织设计交底。③提出变更建议书。④负责提供施工供电变压器高压端以上供电线路。⑤提交支付保函。⑥测设施工控制网。⑦保持项目经理稳定性。

某投标人按要求填报了"近5年完成的类似工程业绩情况表"，提交了相应的业绩证明材料。总价承包项目中临时房屋建筑工程子目分解见表1。

表1 总价承包项目分解表
子目：临时房屋建筑工程

序号	工程项目或费用名称	单位	数量	单价(元/m²)	合价(元)	D
	临时房屋建筑工程				164000	
1	A	m²	100	80	8000	第一个月支付
2	B	m²	800	150	120000	按第一个月70%，第二个月30%支付
3	C	m²	120	300	36000	第一个月支付

问题：

1. 背景资料中提到的类似工程业绩，其业绩类似性包括哪几个方面？类似工程的业绩证明资料有哪些？

2. 临时房屋建筑工程子目分解表中，填报的工程数量起何作用？指出A、B、C、D所代表的内容。

3. 指出劳务作业分包条款中不妥的条款。

4. 合同双方义务条款中，属于承包人的义务有哪些？

（二）

背景资料：

某施工单位承担江北取水口加压泵站工程施工，该泵站设计流量 $5.0m^3/s$，站内安装 4 台卧式双吸离心泵和 1 台最大起重量为 16t 的常规桥式起重机，泵站纵剖面如图 1 所示。泵站墩墙、排架及屋面混凝土模板及脚手架均采用落地式钢管支撑体系。施工场区地面高程为 28.00m，施工期地下水位为 25.10m，施工单位采用管井法降水，保证基坑地下水位在建基面以下；泵站基坑采用放坡式开挖，开挖边坡 1:2。

施工过程中发生如下事件：

事件 1：工程施工前，施工单位组织专家论证会，对超过一定规模的危险性较大的单项工程专项施工方案进行审查论证，专家组成员包括该项目的项目法人、技术负责人、总监理工程师、运行管理单位负责人、设计项目负责人以及其他施工单位技术人员 2 名和 2 名高校专业技术人员。会后施工单位根据审查论证报告修改完善专项施工方案，经项目法人、技术负责人审核签字后组织实施。

事件 2：在进行屋面施工时，泵室四周土方已回填至 28.00m 高程。某天夜间在进行屋面混凝土浇筑施工时，1 名工人不慎从脚手架顶部坠地死亡，发生高处坠落事故。

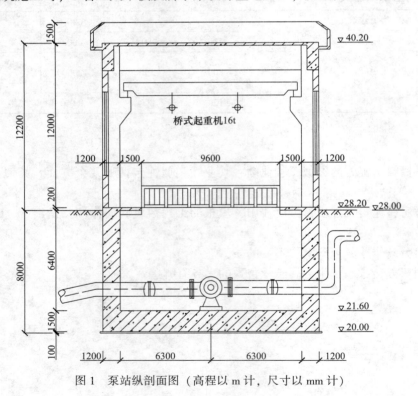

图 1 泵站纵剖面图（高程以 m 计，尺寸以 mm 计）

问题：

1. 根据《水利水电工程施工安全管理导则》SL 721—2015，背景资料中超过一定规模的危险性较大的单项工程包括哪些？

2. 根据《水利水电工程施工安全管理导则》SL 721—2015，指出事件1中的不妥之处，简要说明正确做法。

3. 什么是高处作业？说明事件2中高处作业的级别和种类？

4. 根据《水利部生产安全事故应急预案》，生产安全事故共分为哪几级？事件2中的生产安全事故属于哪一级？

（三）

背景资料：

某水闸除险加固工程内容包括土建施工，更换启闭机、闸门及机电设备。施工标（不含设备采购）通过电子招投标交易平台交易，招标文件依据《水利水电工程标准施工招标文件》（2009年版）编制，工程量清单采取《水利工程工程量清单计价规范》GB 50501—2007模式，最高投标限价1700万元。经过招标，施工单位甲中标并与发包人签订了施工合同。招投标及合同履行过程中发生如下事件。

事件1：代理公司编制的招标文件要求：

（1）投标人应在电子招投标交易平台注册登记。为数据接口统一的需要，投标人应购买并使用该平台配套的投标报价专用软件编制投标报价；

（2）投标报价不得高于最高投标限价，并不得低于最高投标限价的80%；

（3）投标人的子公司不得与投标人一同参加本项目投标；

（4）投标人可以现金或银行保函方式提交投标保证金；

（5）投标人获本工程所在省颁发的省级工程奖项的，评标赋2分，否则不得分。

某投标人认为上述规定存在不合理之处，在规定时间以书面形式向行政监督部门投诉。

事件2：合同约定：在完工结算时，工程质量保证金按照《住房城乡建设部 财政部关于印发〈建设工程质量保证金管理办法〉的通知》规定的最高比例一次性扣留。完工结算时，施工单位甲按规定节点时间提交了完工申请单。监理人审核后，形成了完工结算汇总表（表2），发包人予以认可，并在规定节点时间内将应支付款项支付完毕。

表2 某水闸除险加固工程施工标完工结算汇总表

项目名称：某水闸除险加固工程施工标　　合同编号：XXX-SG-01

序号	工程项目或费用	合同金额（元）	承包人申报金额（元）	监理审核金额（元）	备注
一	A	13100000	12850000	12830000	
1	建筑工程	7200000	7100000	7080000	
2	机电设备安装	2100000	2050000	2050000	1. C为新增管理用房所需费用；
3	B	3800000	3700000	3700000	2. 措施项目中包含D，D取建筑安装工程费的2%，专款专用
二	措施项目	2162000	2157000	2156600	
三	C		1000000	1000000	
四	索赔费用		0	0	
五	合计	15262000	16007000	15986600	

问题：

1. 指出事件1招标文件要求中的不合理之处，说明理由。投标人采取投诉这种方式是否妥当？为什么？

2. 指出事件2表2中A、B、C、D分别代表的工程项目或费用或名称。

3. 计算本合同应扣留的工程质量保证金金额（单位：元，保留小数点后两位）。

4. 分别指出事件2中施工单位甲提交完工付款申请单和发包人支付应支付款的节点时间要求。

(四)

背景资料：

某小型排涝枢纽工程由排涝泵站、自排闸、堤防和穿堤涵洞等建筑物组成。发包人依据《水利水电工程标准施工招标文件》（2009年版）编制施工招标文件。发包人与承包人签订的施工合同约定：（1）合同工期为195d，在一个非汛期完成。（2）"堤防填筑"子目经监理人确认的工程量超过合同工程量15%时，超过部分的单价调整系数为0.95。

由承包人编制并经监理人审核的施工进度计划如图2所示（每月按30d计）。

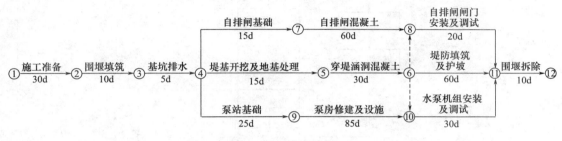

图2 施工进度计划

当地汛期为6~9月，监理人签发的开工通知载明开工日期为2019年10月26日，承包人按施工进度计划如期开工，开始施工准备工作。

工程施工过程中发生如下事件：

事件1：受新冠疫情影响，2020年2月1日至3月1日暂停施工期间，承包人按监理人要求照管在建工程。疫情缓解后，监理人向承包人发出复工指令，并要求采取赶工措施保证工程按期完成，承包人提交了赶工报告和修订后的施工进度计划等，提出了增加在建工程照管费用10万元和赶工费用50万元的要求。

事件2："堤防填筑"子目的合同单价为23.00元/m³，合同工程量为1.3万m³，按施工图纸计算工程量为1.543万m³。承包人实际完成工程量为1.58万m³。

事件3：承包人接受完工付款证书后，发现还有15万元工程款未结算，向发包人提出支付申请。工程质量保修期间，按发包人要求，承包人完成了新增环境美化工程，工程费用为8万元。

事件4：自排闸混凝土浇筑过程中，因模板"炸模"倾倒，施工单位及时清理后重新施工，事故造成直接经济损失22万元，延误工期14d。事故调查分析处理程序如图3所示，图中"原因分析""事故调查""制定处理方案"三个工作环节未标注。

问题：

1. 指出图2的关键线路（用节点代号表示）和合同完工日期；"自排闸混凝土"工作和"堤防填筑及护坡"工作的总时差分别为多少？

2. 事件1中，缩短哪几项工作的持续时间对赶工最为有效？判断承包人提出增加费用的要求是否合理，并说明理由。

3. 事件2中，"堤防填筑"子目应结算的工程量为多少？说明理由。计算该子目应结算的工程款。

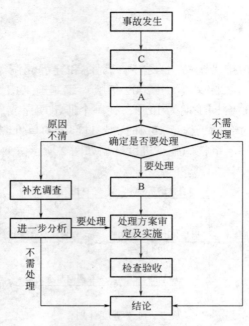

图3 事故调查分析处理程序

4. 事件3中，发包人应支付的金额是多少？说明理由。
5. 根据《水利工程质量事故处理暂行规定》，判定事件4发生的质量事故类别，指出图3中A、B、C分别代表的工作环节内容。

（五）

背景资料：

某堤防加固工程划分为一个单位工程，工程建设内容包括堤防培厚、穿堤涵洞拆除重建等。堤防培厚采用在迎水侧、背水侧均加培的方式，如图4所示。根据设计文件，A区的土方填筑量为12万 m^3，B区的土方填筑量为13万 m^3。

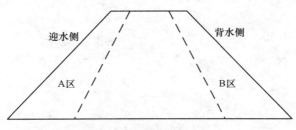

图4 堤防加固断面图

施工过程中发生如下事件：

事件1：建设单位提供的料场共2个。1号料场位于堤防迎水侧的河道滩地，2号料场位于河道背水侧，两料场到堤防运距大致相等。施工单位对料场进行了复核，料场土料情况见表3。施工单位拟将1号料场用于A区，2号料场用于B区，监理单位认为不妥。

表3 料场土料情况

料场名称	土料颗粒组成(%)			渗透系数(cm/s)	可利用储量(万 m^3)
	砂粒	粉粒	黏粒		
1号料场	28	60	12	$4.2×10^{-4}$	22
2号料场	15	60	25	$3.4×10^{-6}$	22

事件2：穿堤涵洞拆除后，基坑开挖到新涵洞的设计建基面高程。施工单位对开挖单元工程质量进行自评合格后，报监理单位复核。监理工程师核定该单元工程施工质量等级并签证认可。质量监督部门认为上述基坑开挖单元工程施工质量评定工作的组织不妥。

事件3：某混凝土分部工程共有50个单元工程，单元工程质量全部经监理单位复核认可。50个单元工程质量全部合格，其中优良单元工程38个；主要单元工程以及重要隐蔽单元工程共20个，优良19个。施工过程中检验水泥共10批、钢筋共20批、砂共15批、石子共15批，质量均合格。混凝土试件：C25共19组、C20共10组、C10共5组，质量全部合格。施工中未发生过质量事故。

事件4：单位工程完工后，施工单位向项目法人申请进行单位工程验收。项目法人拟委托监理单位主持单位工程验收工作。监理单位提出，单位工程质量评定工作待单位工程验收后，将依据单位工程验收的结论进行评定。

问题：

1. 事件1中施工单位对两个土料场应如何进行安排？说明理由。

2. 说明事件2中基坑开挖单元工程质量评定工作的正确做法。
3. 依据《水利水电工程施工质量检验与评定规程》SL 176—2007，根据事件3提供的资料，评定此分部工程的质量等级，并说明理由。
4. 指出并改正事件4中的不妥之处。
5. 简述单位工程验收工作的主要内容。

考前冲刺试卷（二）参考答案及解析

一、单项选择题

1. C； 2. B； 3. C； 4. D； 5. A；
6. C； 7. B； 8. A； 9. A； 10. A；
11. C； 12. D； 13. B； 14. D； 15. D；
16. A； 17. D； 18. B； 19. B； 20. C。

【解析】

1. C。本题考核的是经纬仪照准步骤。经纬仪照准可分为以下几个步骤：（1）目镜调焦；（2）粗瞄目标；（3）物镜调焦；（4）准确瞄准目标。

2. B。本题考核的是边坡变形破坏的类型和特征。常见的边坡变形破坏主要有松弛张裂、蠕变、崩塌、滑坡四种类型。此外尚有坍滑、错落、倾倒等过渡类型，另外泥石流也是一种边坡破坏的类型。松弛张裂：是指由于临谷部位的岩体被冲刷侵蚀或人工开挖，使边坡岩体失去约束，应力重新调整分布，从而使岸坡岩体发生向临空面方向的回弹变形及产生近平行于边坡的拉张裂隙，一般称为边坡卸荷裂隙。选项A是蠕变；选项C是滑坡；选项D是崩塌。

3. C。本题考核的是水利工程质量监督的内容。对不具备设立专职质量监督机构条件的，可采取购买服务或其他方式开展相应的质量监督工作。从工程开工前办理质量监督手续开始，到工程竣工验收委员会同意工程交付使用为止，为水利工程建设项目的质量监督期（含合同质量保修期）。

4. D。本题考核的是项目法人履行分包管理的职责。水利建设工程的主要建筑物的主体结构不得进行工程分包。主要建筑物是指失事以后将造成下游灾害或严重影响工程功能和效益的建筑物，如堤坝、泄洪建筑物、输水建筑物、电站厂房和泵站等。

5. A。本题考核的是土的分级。土分为4级，分别为Ⅰ、Ⅱ、Ⅲ、Ⅳ。Ⅰ类土用锹或略加脚踩开挖；Ⅱ类土用锹需用脚踩开挖；Ⅲ类土用镐、三齿耙开挖或用锹需用力加脚踩开挖；Ⅳ类土镐、三齿耙等开挖。

6. C。本题考核的是分类分项工程量清单项目编码。分类分项工程量清单项目编码采用十二位阿拉伯数字表示（由左至右计位）。一~九位为统一编码，其中，一、二位为水利工程顺序码，三、四位为专业工程顺序码，五、六位为分类工程顺序码，七、八、九位为分项工程顺序码，十一~十二位为清单项目名称顺序码。

7. B。本题考核的是水利建设市场主体信用评价。水利建设市场主体信用等级分为AAA（信用很好）、AA（信用良好）、A（信用较好）、B（信用一般）和C（信用较差）三等五级。

8. A。本题考核的是大中型水利水电工程建设征地补偿标准的规定。移民安置工作实行政府领导、分级负责、县为基础、项目法人参与的管理体制。

9. A。本题考核的是水利水电工程验收分类。政府验收应包括阶段验收、专项验收、竣工验收等。阶段验收应包括枢纽工程导（截）流验收、水库下闸蓄水验收、引（调）排水工程通水验收、水电站（泵站）首（末）台机组启动验收、部分工程投入使用验收以及竣工验收主持单位根据工程建设需要增加的其他验收。

10. A。本题考核的是施工用电的基本规定。机械如在高压线下进行工作或通过时，其最高点与高压线之间的最小垂直距离不得小于表4的规定。

表4 机械最高点与高压线之间的最小垂直距离

线路电压(kV)	<1	1~20	35~110	154	220	330
机械最高点与线路间的垂直距离(m)	1.5	2	4	5	6	7

11. C。本题考核的是专项施工方案有关程序的要求。专项施工方案经审核合格的，应由施工单位技术负责人签字确认。不需专家论证的专项施工方案，经施工单位审核合格后应报监理单位，由项目总监理工程师审核签字，并报项目法人备案。

12. D。本题考核的是混凝土初凝条件校核小时的生产能力（平浇法施工），其计算公式如下：$Q_h \geq 1.1SD/(t_1-t_2)$。本题中，该工程拌合站小时生产能力最小为 $1.1 \times 400 \times 40 \div 100/(3-0.5) = 70.4 m^3/h$。

13. B。本题考核的是水利水电工程施工质量评定表的填写。施工单位应按《单元工程评定标准》检验工序及单元工程质量，作好书面记录，在自检合格后，填写《水利水电工程施工质量评定表》报监理单位复核。

14. D。本题考核的是黏性土的填筑标准。含砾和不含砾的黏性土的填筑标准应以压实度和最优含水率作为设计控制指标。砂砾石和砂的非黏性土的填筑标准应以相对密度为设计控制指标。

15. D。本题考核的是发包人与承包人的义务和责任。承包人要求更改交货日期或地点的，应事先报请监理人批准，所增加的费用和（或）工期延误由承包人承担。

16. A。本题考核的是分缝的特点。选项B、D属于错缝分块的特点。选项C属于竖缝分块的特点。

17. D。本题考核的是施工期的划分。根据《水利水电工程施工组织设计规范》SL 303—2017，工程建设全过程可划分为工程筹建期、工程准备期、主体工程施工期和工程完建期四个施工时段。编制施工总进度时，工程施工总工期应为后三项工期之和。

18. B。本题考核的是水利基本建设项目竣工决算审计。审计结论应直接下达项目法人或项目主管部门，必要时可抄送相关单位。审计结论下达后，水利审计部门应将审计报告、审计结论文件及相关审计资料及时归档。项目法人和相关单位应按照水利审计部门下达的审计结论进行整改落实，并将整改落实情况书面报送水利审计部门。项目法人和相关单位必须执行审计决定，落实审计意见，采纳审计建议。项目法人和相关单位应在收到审计结论60个工作日内执行完毕，并向水利审计部门报送审计整改报告；确需延长审计结论整改执行期的，应报水利审计部门同意。

19. B。本题考核的是防汛抗洪方面的紧急措施。保证水位是指保证江河、湖泊在汛期安全运用的上限水位。江河、湖泊的水位在汛期上涨可能出现险情之前而必须开始警戒并准备防汛工作时的水位称为警戒水位。设计洪水位是指水库遇到设计洪水时，在坝前达到的最高水位，是水库在正常运用设计情况下允许达到的最高水位。

20. C。本题考核的是土石围堰堰顶高程。堰顶高程不应低于设计洪水的静水位与波浪高度及堰顶安全加高值之和。

二、多项选择题

21. A、B、C、D；　　22. A、B、E；　　23. B、D、E；
24. B、D、E；　　　25. A、B、C、D；　　26. A、C、D、E；
27. C、D、E；　　　28. B、D、E；　　　29. C、D、E；
30. A、D。

【解析】

21. A、B、C、D。本题考核的是反铲挖掘机每一作业循环的过程。反铲挖掘机的基本作业方式有沟端挖掘、沟侧挖掘、直线挖掘、曲线挖掘、保持一定角度挖掘、超深沟挖掘和沟坡挖掘等。反铲挖掘机每一作业循环包括挖掘、回转、卸料和返回四个过程。

22. A、B、E。本题考核的是工程质量事故的分类。按对工程的耐久性、可靠性和正常使用的影响程度，检查、处理事故对工期的影响时间长短和直接经济损失的大小，工程质量事故分类为：（1）一般质量事故；（2）较大质量事故；（3）重大质量事故；（4）特大质量事故。

23. B、D、E。本题考核的是爆破方法。按照爆破对象的不同，水利水电工程爆破通常分为明挖爆破、地下洞室爆破、水下爆破、岩塞爆破、定向爆破筑坝、围堰爆破等。按照药室的状态不同分为钻孔爆破和洞室爆破。

24. B、D、E。本题考核的是水轮发电机组的安装要求。选项A错误，设备基础混凝土强度应达到设计值的70%以上。选项C错误，组合螺栓及销钉周围不应有间隙。

25. A、B、C、D。本题考核的是土石坝填筑作业。铺料宜平行坝轴线进行，铺土厚度要匀，超径不合格的料块应打碎，杂物应剔除，故选项E错误。

26. A、C、D、E。本题考核的是水利工程建设项目风险管理和安全事故应急管理。根据《水利部关于印发〈构建水利安全生产风险管控"六项机制"的实施意见〉的通知》，构建水利安全生产风险查找、研判、预警、防范、处置和责任等风险管控"六项机制"。

27. C、D、E。本题考核的是施工单位管理人员安全生产考核的要求。施工企业主要负责人、项目负责人和专职安全生产管理人员安全生产考核合格证书的有效期为3年。安全生产管理人员应在证书有效期满前3个月内，向考核管理部门提出延续申请。证书每延续一次的有效期为3年，有效期满未申请延续的证书自动失效。申领安全生产考核合格证书的安管人员应具备的条件之一是：经安全生产教育培训合格，申领证书年度安全生产培训不少于32个学时。安全生产管理人员隐瞒有关情况或者提供虚假材料申请安全生产考核的，考核管理部门应不予受理或不予行政许可，并给予警告，1年内不得再次申请安全生产考核。安全生产管理人员以欺骗、贿赂等不正当手段取得证书的，考核管理部门应撤销证书，3年内不得再次申请安全生产考核。

28. B、D、E。本题考核的是项目划分的原则。水利水电工程质量检验与评定应当进行项目划分。项目按级划分为单位工程、分部工程、单元（工序）工程三级。

29. C、D、E。本题考核的是单位工程验收的基本要求。需要提前投入使用的单位工程应进行单位工程投入使用验收，故选项C说法错误。项目法人应在收到验收申请报告之日起10个工作日内决定是否同意进行验收，故选项D说法错误。单位工程验收工作组成员应具有中级及其以上技术职称或相应执业资格,每个单位代表人数不宜超过3名,故选项E说法错误。

30. A、D。本题考核的是水电工程事故处理要求。事故的处理方案按以下原则确定:(1) 一般事故的处理方案,由造成事故的单位提出,报监理单位批准后实施。(2) 较大事故的处理方案,由造成事故的单位提出(必要时项目法人可委托设计单位提出),报监理单位审查、项目法人批准后实施。(3) 重大及特大事故的处理方案,由项目法人委托设计单位提出,项目法人组织专家组审查批准后实施,必要时由上级部门组织审批后实施。

三、实务操作和案例分析题

(一)

1. 业绩的类似性包括功能、结构、规模、造价等方面。

业绩证明资料有:中标通知书和(或)合同协议书、工程接收证书(工程竣工验收证书)、合同工程完工证书的复印件。

2. 临时工程为总价承包项目,工程子目分解表中,填报的工程数量是承包人用于结算的最终工程量。

临时房屋建筑工程子目分解表中 A、B、C、D 所代表的内容:

A 代表施工库房。

B 代表施工单位的办公、生活用房。

C 代表发包人、监理人、设计单位的办公和生活用房。

D 代表备注(支付时间)。

3. 劳务作业分包条款中不妥的条款如下:

不妥之处一:①主要建筑物的主体结构施工不允许有劳务作业分包。

不妥之处二:②劳务作业分包单位必须持有安全生产许可证。

不妥之处三:⑤经发包人同意,总承包单位可以将包含劳务、材料、机械的简单土方工程委托劳务作业单位施工。

不妥之处四:⑥经总承包单位同意,劳务作业单位可以将劳务作业再分包。

4. 合同双方义务条款中,属于承包人的义务有:

①组织单元工程质量评定。

③提出变更建议书。

⑥测设施工控制网。

⑦保持项目经理稳定性。

(二)

1. 超过一定规模的危险性较大的单项工程有:深基坑的土方开挖、降水工程以及混凝土模板支撑工程。

2. 事件1中的不妥之处及正确做法如下:

不妥之处一:专家组成员包括该项目的项目法人技术负责人、总监理工程师、运行管理单位负责人、设计项目负责人以及其他施工单位技术人员2名和2名高校专业技术人员。

正确做法:项目法人技术负责人、总监理工程师、设计项目负责人应不以专家身份参加会议。

不妥之处二：会后施工单位根据审查论证报告修改完善专项施工方案，经项目法人技术负责人审查签字后组织实施。

正确做法：施工单位应根据审查论证报告修改完善专项施工方案，经施工单位技术负责人、总监理工程师、项目法人单位负责人审核签字后，方可组织实施。

3. 凡在坠落高度基准面 2m 和 2m 以上有可能坠落的高处进行作业，均称为高处作业。事件 2 中的高处作业的级别属于二级高处作业，属于特殊高处作业中的夜间高处作业。

4. 根据《水利部生产安全事故应急预案》，生产安全事故分为特别重大事故、重大事故、较大事故和一般事故 4 个等级。事件 2 中 1 名工人死亡，属于一般事故。

（三）

1. 事件 1 中招标文件要求的不合理之处及理由如下。

不合理之处一："强制投标人购买交易平台配套的投标报价专用软件"。

理由：电子招投标交易平台运营机构不得要求投标人购买指定的软件。

不合理之处二：投标报价不得低于最高投标限价的 80%。

理由：招标人不得设置最低投标限价。

不合理之处三：投标人获本工程所在省颁发的省级工程奖项的，评标赋 2 分。

理由：招标文件不得以特定区域奖项作为评标加分条件。

投标人采取投诉这种方式不妥。

理由：针对招标文件的不合理条款应首先通过异议途径解决。

2. 事件 2 表 2 中 A、B、C、D 分别代表的工程项目或费用或名称：

A 代表分类分项工程量清单项目；

B 代表金属结构安装（或闸门、启闭机安装）；

C 代表变更项目；

D 代表安全生产措施费。

3. 本合同应扣留的工程质量保证金金额 = 15986600×3% = 479598.00 元

4. 施工单位甲提交完工付款申请单的节点时间：施工单位甲应在合同工程完工证书颁发后 28d 内，向监理人提交完工付款申请单。

发包人支付应支付款的节点时间：发包人应在监理人出具完工付款证书后的 14d 内，将应支付款支付给承包人。

（四）

1. 施工进度计划图中关键线路（用节点代号表示）是：①→②→③→④→⑨→⑩→⑪→⑫。

合同完工日期为：2020 年 5 月 10 日。

"自排闸混凝土"工作的总时差为 45d。

"堤防填筑及护坡"工作的总时差为 35d。

2. 事件 1 中，缩短"泵房修建及设施""水泵机组安装及调试"和"围堰拆除"的持续时间对赶工最为有效。

承包人提出增加费用的要求合理。

理由：
（1）新冠疫情影响属于不可抗力。
（2）因不可抗力影响，停工期间应监理人要求照管工程所发生的费用由发包人承担。
（3）因不可抗力影响引起工期延误，发包人要求赶工的，由此增加的赶工费用由发包人承担。

3. 对本题的分析如下：
（1）"堤防填筑"子目应结算的工程量为 1.543 万 m^3。

理由：堤防填筑全部完成后，最终结算的工程量应是经过施工期间压实经自然沉陷后按施工图纸所示尺寸计算的有效压实方体积。
（2）合同工程量为 1.3 万 m^3，确认的工程量超过了合同工程量的 15%，超过部分单价应予调低。

不调价部分工程量为：1.3×（1+15%）= 1.495 万 m^3。
调价部分工程量为：1.543−1.3×（1+15%）= 0.048 万 m^3。
该子目应结算的工程款：23×1.495+23×0.95×0.048 = 35.4338 万元。

4. 发包人应支付的金额为：8 万元。

理由：
（1）承包人接受了完工付款证书后，应被认为已无权再提出在合同工程完工证书前所发生的任何索赔。
（2）环境美化项目是发包人提出的新增项目，费用由发包人承担。

5. 事件 4 发生的质量事故类别为一般质量事故。

图 3 中 A、B、C 分别代表的工作环节内容：
（1）A：原因分析；
（2）B：制定处理方案；
（3）C：事故调查。

（五）

1. 土料场安排：A 区采用 2 号料场，B 区采用 1 号料场。

因为堤防加固工程的原则是上截下排，1 号料场土料渗透系数大（或渗透性强）用于 B 区（背水侧），2 号料场土料渗透系数小（或渗透性弱），用于 A 区（迎水侧）。

2. 基坑开挖单元工程为重要隐蔽单元工程，应由施工单位自评合格，监理单位抽检，由项目法人、监理单位、设计单位、施工单位组成联合小组，共同检查核定其质量等级并填写签证表，报工程质量监督机构核备。

3. 此分部工程质量等级为优良。

理由：因为此分部工程所含单元工程质量全部合格；单元工程优良率大于 70%，主要单元工程以及重要隐蔽单元工程优良率大于 90%；未发生过质量事故；原材料质量合格；混凝土试件质量全部合格，所以此分部工程质量等级为优良。

4. 监理单位主持单位工程验收不妥，应由项目法人主持。
单位工程质量评定待单位工程验收后评定不妥，应先进行单位工程质量评定。

5. 单位工程验收工作包括以下主要内容：
（1）检查工程是否按批准的设计内容完成。

（2）评定工程施工质量等级。
（3）检查分部工程验收遗留问题处理情况及相关记录。
（4）对验收中发现的问题提出处理意见。
（5）单位工程投入使用验收除完成以上工作内容外，还应对工程是否具备安全运行条件进行检查。

《水利水电工程管理与实务》考前冲刺试卷（三）及解析

学习遇到问题？
扫码在线答疑

《水利水电工程管理与实务》考前冲刺试卷（三）

一、单项选择题（共20题，每题1分。每题的备选项中，只有1个最符合题意）

1. 下列导流方式中，属于混凝土坝分段围堰法导流方式的是（　　）导流。
   A. 底孔　　　　　　　　　　　　B. 明渠
   C. 隧洞　　　　　　　　　　　　D. 涵管

2. 根据《疏浚与吹填工程技术规范》SL 17—2014 的规定，关于疏浚工程的断面质量控制标准的说法，正确的是（　　）。
   A. 应以纵断面为主进行检验测量
   B. 横断面中心线偏移不得大于2m
   C. 纵向浅埂长度不大于2m
   D. 疏浚工程局部欠挖厚度小于设计水深的5%且不大于30cm

3. 在钢筋加工工程中，关于钢筋的调直和清除污锈的说法，正确的是（　　）。
   A. 用冷拉方法调直钢筋，则其矫直冷拉率不得大于5%
   B. 钢筋中心线同直线的偏差不应超过其全长的0.5%
   C. 钢筋在调直机上调直后，其表面伤痕不得使钢筋截面面积减少1%以上
   D. 钢筋的表面应洁净，使用前应将表面油渍、漆污、锈皮、鳞锈等清除干净

4. 水泵梁的钢筋混凝土保护层厚度是指混凝土表面到（　　）之间的最小距离。
   A. 箍筋公称直径外边缘　　　　　B. 受力纵向钢筋公称直径外边缘
   C. 箍筋中心　　　　　　　　　　D. 受力纵向钢筋中心

5. 关于土石围堰填筑材料应符合的要求，说法正确的是（　　）。
   A. 围堰堆石体水下部分不宜采用软化系数值0.5的石料
   B. 斜墙土石围堰堰壳填筑料渗透系数宜大于 $1×10^{-3}$ cm/s
   C. 均质土围堰填筑材料渗透系数不宜大于 $1×10^{-5}$ cm/s
   D. 反滤料和过渡层料宜优先选用满足级配要求的天然砂卵石

6. 根据水利部《水利建设市场主体信用信息管理办法》，水利建设市场主体发生了对人民群众身体健康、生命安全和工程质量危害较大、对市场公平竞争秩序和社会正常秩序破坏较大的不良行为属于（　　）。
   A. 一般不良行为记录信息　　　　B. 较重不良行为记录信息

C. 严重不良行为记录信息 D. 特别严重不良行为记录信息

7. 根据《水利水电建设工程蓄水安全鉴定暂行办法》的规定，水库蓄水安全鉴定由（　　）负责组织实施。
  A. 施工单位 B. 水行政主管部门
  C. 运行管理单位 D. 项目法人

8. 堤防土方施工进行距离丈量时，在距为30m时可采用（　　）测定。
  A. 视距法 B. 后方交会法
  C. 极坐标法 D. 视差法

9. 下列库容的水库中，属于中型水库的是（　　）。
  A. $5×10^6 m^3$ B. $5×10^7 m^3$
  C. $5×10^8 m^3$ D. $5×10^5 m^3$

10. 型号为"QL □×□—□"的启闭机，其结构型式属于（　　）。
  A. 移动式 B. 卷扬式
  C. 螺杆式 D. 液压式

11. 根据《水利建设项目稽察常见问题清单（2021年版）》，可能对主体工程施工进度或投资规模等产生较大影响的问题，其性质应认定为（　　）。
  A. 特别严重 B. 严重
  C. 较重 D. 一般

12. 明挖爆破工程发出的信号为鸣30s、停、鸣30s、停、鸣30s，该信号属于（　　）。
  A. 准备信号 B. 起爆信号
  C. 解除信号 D. 预告信号

13. 水利水电工程特征水位中，兴利库容是水库死水位与（　　）之间的库容。
  A. 设计洪水位 B. 校核洪水位
  C. 正常蓄水位 D. 防洪高水位

14. 水利生产经营单位要研判确定危险源的风险等级，较大风险采用（　　）标示。
  A. 红色 B. 橙色
  C. 黄色 D. 绿色

15. 根据《水利工程质量监督规定》的规定，水利工程建设项目质量监督方式以（　　）为主。
  A. 旁站 B. 巡视
  C. 抽查 D. 跟踪

16. 根据《水利工程建设项目档案管理规定》，在竣工图章上签名的单位是（　　）。
  A. 施工单位 B. 设计单位
  C. 建设单位 D. 质量监督机构

17. 根据《电力建设工程施工安全监督管理办法》的规定，关于施工单位安全责任的说法，正确的是（　　）。
  A. 审查和验证分包单位的资质文件和拟签订的分包合同、人员资质、安全协议
  B. 施工总承包单位可将劳务作业转包给其他施工单位
  C. 对施工现场出入口等危险区域和部位采取防护措施并设置明显的安全警示标志
  D. 电力建设工程所在区域不能存在自然灾害或电力建设活动可能引发地质灾害风险的

地点

18. 根据《水利水电工程标准施工招标文件》（2009年版），下列不属于工程变更范围的是（   ）。
   A. 取消合同中任何一项工作，被取消的工作转由其他人实施
   B. 改变合同中任何一项工作的质量或其他特性
   C. 为完成工程需要追加的额外工作
   D. 改变合同工程的基线、标高、位置或尺寸

19. 根据《水电建设工程质量管理暂行办法》，下列检查中，不属于"三级检查制度"的是（   ）。
   A. 监理单位终检
   B. 作业队复检
   C. 项目部终检
   D. 班组初检

20. 水位变化区域的外部混凝土、溢流面受水流冲刷部位的混凝土，避免采用（   ）。
   A. 硅酸盐水泥
   B. 普通硅酸盐水泥
   C. 火山灰质硅酸盐水泥
   D. 硅酸盐大坝水泥

二、多项选择题（共10题，每题2分。每题的备选项中，有2个或2个以上符合题意，至少有1个错误选项。错选，本题不得分；少选，所选的每个选项得0.5分）

21. 为防止土石坝产生渗透变形的工程措施有（   ）。
   A. 设置水平与垂直防渗体
   B. 设置上游堆石侧堤
   C. 设置排水沟或减压井
   D. 在有可能发生管涌的地段铺设反滤层
   E. 在有可能产生流土的地段增加渗流出口处的盖重

22. 混凝土坝的配合比设计参数正确的有（   ）。
   A. 使用天然粗集料时，三级配碾压混凝土的砂率为30%
   B. 掺量超过60%，应作专门的试验论证
   C. 水胶比的值宜为0.8
   D. 使用人工粗集料时，砂率应增加3%~6%
   E. 外加剂品种和掺量应通过试验确定

23. 下列情形中，属于招标人与投标人串通投标的有（   ）。
   A. 投标人之间约定中标人
   B. 招标人在开标前开启投标文件并将有关信息泄露给其他投标人
   C. 不同投标人委托同一单位或者个人办理投标事宜
   D. 招标人授意投标人撤换、修改投标文件
   E. 招标人明示或者暗示投标人压低或者抬高投标报价

24. 水利水电工程施工测量中，关于水利工程施工期间外部变形监测的说法，正确的有（   ）。
   A. 测点应与变形体牢固结合
   B. 山体裂缝观测点应埋设在裂缝两侧
   C. 滑坡测点宜设在滑动量小的部位
   D. 监测控制点的精度应不低于四等网的标准
   E. 基点必须建立在变形区以内稳固的基岩上

25. 反击式水轮机按水流在转轮内运动方向和特征及转轮构造的特点可分为（　　）。
   A. 轴流式　　　　　　　　　　B. 斜流式
   C. 水斗式　　　　　　　　　　D. 混流式
   E. 双击式

26. 根据《水利工程施工转包违法分包等违法行为认定查处管理暂行办法》，下列情形中，属于违法分包的有（　　）。
   A. 承包单位将工程分包给不具备相应资质的单位
   B. 承包单位将工程分包给不具备相应资质的个人
   C. 承包单位将工程分包给不具备安全生产许可的单位
   D. 承包单位将工程分包给不具备安全生产许可的个人
   E. 承包单位未设立现场管理机构

27. 关于混凝土卸料、平仓、碾压的说法，正确的有（　　）。
   A. 卸料、铺料厚度要均匀，减少集料分离
   B. 要避免层间间歇时间太长，防止冷缝发生
   C. 卸料落差不应大于2m
   D. 评价碾压混凝土压实质量的指标是最大干密度
   E. 对于建筑物的外部混凝土相对压实度不得小于97%

28. 根据《水利工程建设质量与安全生产监督检查办法（试行）》，安全生产管理违规行为按情节严重程度分为（　　）。
   A. 一般安全生产管理违规行为　　B. 较重安全生产管理违规行为
   C. 严重安全生产管理违规行为　　D. 重大安全生产管理违规行为
   E. 特别重大安全生产管理违规行为

29. 下列水利水电工程施工现场供电部位的负荷中，属于一类负荷的有（　　）。
   A. 基坑内排水设施　　　　　　B. 汛期防洪设施
   C. 混凝土预制构件厂的主要设备　D. 井内通风系统
   E. 木材加工厂的主要设备

30. 根据《水利工程质量事故处理暂行规定》的规定，经处理后不影响工程正常使用的质量问题包括（　　）。
   A. 一般质量事故　　　　　　　B. 重大质量事故
   C. 特大质量事故　　　　　　　D. 质量缺陷
   E. 较大质量事故

三、实务操作和案例分析题（共5题，（一）、（二）、（三）题各20分，（四）、（五）题各30分）

（一）

背景资料：

某支流河道改建工程主要建设项目包括：5.2km新河道开挖、新河道堤防填筑、废弃河道回填等，其工程平面布置示意图如图1所示。堤防采用砂砾石料填筑，上游坡面采用现浇混凝土框格+植生块护坡，上游坡脚设置现浇混凝土脚槽，下游坡面采用草皮护坡，堤防剖面示意图如图2所示。

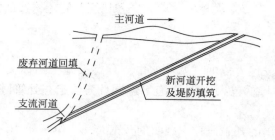

图1 某支流河道改建工程平面布置示意图

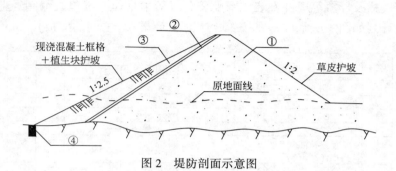

图2 堤防剖面示意图

工程施工过程中发生如下事件：

事件1：支流河道常年流水。改建工程开始施工前，施工单位编制了施工导流方案，确定本改建工程分两期施工，在新河道进口和出口处各留一道土埝作为施工围堰，并根据施工期相应河道洪水位对土埝顶高程进行了复核等。

事件2：现浇混凝土采用自建拌合站供应。施工单位根据施工进度安排，计算确定高峰月混凝土浇筑强度为12000m³，并按每天生产20h，每月生产25d计算拌合站所需生产能力，计算公式为$P=K_h Q_m/(MN)$，$K_h=1.5$。

事件3：堤防填筑时，发现黏性土料含水量偏大，监理工程师要求施工单位采取措施降低黏性土料含水量。施工单位轮换掌子面开采，检测发现黏性土料含水量仍达不到要求。

问题：

1. 根据背景资料，分别确定一期施工和二期施工的建设项目；指出新河道进口和出口土埝围堰顶高程复核时所采用的相应水位；说明开始截断（或回填）支流河道应具备的条件。

2. 指出图2中堤防采用的防渗型式；写出图2中①、②、③、④所代表的构造名称。

3. 指出事件2公式中P、K_h、Q_m所代表的含义，计算拌合站所需的生产能力，并判别拌合站的规模。

4. 事件3中，为降低黏性土料的含水量，除轮换掌子面外，施工单位还可采取哪些措施？

（二）

背景资料：

某新建水闸工程，发包人依据《水利水电工程标准施工招标文件》（2009年版）编制施工招标文件。发包人与承包人签订的施工合同约定：合同工期8个月，签约合同价为1280万元。

监理人向承包人发出的开工通知中载明的开工时间为第一年10月1日。闸室施工内容包括基坑开挖、闸底板垫层混凝土、闸墩混凝土、闸底板混凝土、闸门安装及调试、门槽二期混凝土、底槛及导轨等埋件安装、闸上公路桥等项工作，承包人编制经监理人批准的闸室施工进度计划如图3所示（每月按30d计，不考虑工作之间的搭接）。

序号	工作名称	持续时间(d)	第一年 10	11	12	第二年 1	2	3	4	5
1	基坑开挖	30	━━							
2	A	20		━						
3	B	30			━━					
4	C	55				━━━				
5	底槛及导轨等埋件安装	20					━			
6	D	25						━		
7	E	15							━	
8	闸上公路桥	30								━━
计划完成工程价款（万元）			150	160	180	200	190	170	130	100

图3 闸室施工进度计划

施工过程中发生如下事件：

事件1：承包人收到发包人提供的测量基准点等相关资料后，开展了施工测量，并将施工控制网资料提交监理人审批。

事件2：经监理人确认的截至第一年12月底、第二年3月底累计完成合同工程价款分别为475万元和1060万元。

事件3：水闸工程合同工程完工验收后，承包人向监理人提交了完工付款申请单，并提供相关证明材料。

问题：

1. 指出图3中A、B、C、D、E分别代表的工作名称；分别指出基坑开挖和底槛及导轨等埋件安装两项工作的计划开始时间和完成时间。

2. 事件1中，除测量基准点外，发包人还应提供哪些基准资料？承包人应在收到发包人提供的基准资料后多少天内向监理人提交施工控制网资料？

3. 分别写出事件2中，截至第一年12月底、第二年3月底的施工进度进展情况（用"实际比计划超前或拖后××万元"表述）。

4. 事件3中，承包人向监理人提交的完工付款申请单的主要内容有哪些？

（三）

背景资料：

五里湖大沟属淮海省凤山市，万庄站位于五里湖大沟右堤上，工程规模为中型，堤防级别为4级，配3台轴流泵。在工程建设过程中发生如下事件：

事件1：招标文件设定投标最高限价为3000万元。招标文件中有关投标人资格条件要求如下：

（1）有企业法人地位，注册地不在凤山市的，在凤山市必须成立分公司。

（2）必须具有水利水电工程施工总承包三级及以上企业资质，近5年至少有2项类似工程业绩，类似工程指合同额不低于2500万元的泵站施工（下同）。

（3）具有有效的安全生产许可证，单位主要负责人必须具有有效的安全生产考核合格证。

（4）拟担任的项目经理应为二级及以上水利水电工程专业注册建造师，具有有效的安全生产考核合格证，近5年至少有一项类似工程业绩。

（5）拟担任的项目经理、技术负责人、质量负责人、专职安全生产管理人员、财务负责人必须是本单位人员（须提供缴纳社会保险的证明）；项目经理不得同时担任其他建设工程施工项目负责人；专职安全生产管理人员须具有有效的安全生产考核合格证。

（6）单位信誉良好，具有淮海省水利厅B级以上信用等级，且近1年在"信用中国"网站上不得有不良行为记录。

（7）近3年无行贿犯罪档案记录；财务状况良好。

某投标人以上述部分条款存在排斥潜在投标人、损害自身利益为由，在投标截止时间前第7天向行政监督部门提出书面异议。

事件2：某投标文件中，基坑开挖采用$1m^3$挖掘机配5t自卸车运输2km，其单价分析表部分信息见表1。

表1 $1m^3$挖掘机配5t自卸车运输2km单价分析表

工作内容：挖、装、运、回 单位：$100m^3$

序号	费用名称	单位	数量	单价(元)
一	直接工程费			
（一）	基本直接费			
1	人工费	工时	10	4.26
2	材料费			
3	机械使用费			
（1）	$1m^3$挖掘机	台时	1	200
（2）	59kW推土机	台时	0.5	110
（3）	5t自卸汽车	台时	10	100
（二）	现场经费(费率3%)			
二	施工企业管理费(费率5%)			

续表

序号	费用名称	单位	数量	单价(元)
三	企业利润（费率7%）			
四	增值税（税率3.22%）			
	工程单价			

问题：

1. 根据《水利水电工程等级划分及洪水标准》SL 252—2017，指出万庄站的工程等别、主要建筑物和次要建筑物的级别。

2. 事件1中的哪些条款存在不妥？说明理由。指出投标人异议的提出存在哪些不妥？

3. 建筑业企业资质等级分为哪几个序列？

4. 根据《水利工程设计概估算编制规定（工程部分）》和《水利工程营业税改征增值税计价依据调整办法》，指出事件2单价分析表中"费用名称"一列中有关内容的不妥之处。

5. 计算事件2单价分析表中的机械使用费。

(四)

背景资料:

某河道疏浚工程,疏浚河道总长约5km,设计河道底宽150m,边坡1:4,底高程7.90~8.07m。该河道疏浚工程划分为一个单位工程,包含7个分部工程(河道疏浚水下方为5个分部工程,排泥场围堰和退水口各1个分部工程)。其中排泥场围堰按3级堤防标准进行设计和施工。该工程于2020年10月1日开工,2021年12月底完工。工程施工过程中发生以下事件。

事件1:工程具备开工条件后,项目法人向主管部门提交了本工程开工申请报告。

事件2:排泥场围堰某部位堰基存在坑塘,施工单位进行了排水、清基、削坡后,再分层填筑施工,如图4所示。

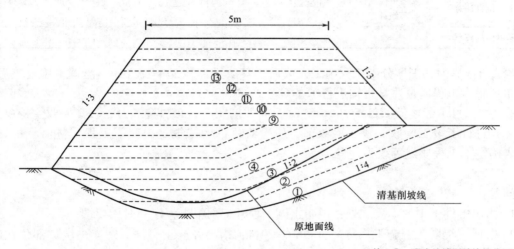

注:①~④为坑塘顺坡填筑分层
⑨~⑬为堰身水平填筑分层

图4 围堰横断面分层填筑示意图

事件3:河道疏浚工程施工中,施工单位对某单元工程进行了质量评定见表2。

表2 河道疏浚单元工程施工质量验收评定表

单位工程名称	某河道疏浚工程	单元工程量	/
分部工程名称	河道疏浚(30+100~31+100)	施工单位	×××
单元工程名称、编号	(30+100~31+100)—012	施工日期	2020年12月3日~2020年12月11日
项次	检验项目	质量标准(允许偏差)	检查记录及结论或检测合格率(检测记录或备查资料名称、编号)

项次		检验项目	质量标准(允许偏差)	检查记录及结论或检测合格率(检测记录或备查资料名称、编号)
A	1	河道过水断面面积	不小于设计断面面积(1456m²)	检测20个断面,断面面积为1466~1509m²,合格率100%
	2	宽阔水域平均底高程	不高于设计高程8.05m	检测点数200点,检测点高程7.90~8.03m,合格率100%

续表

项次		检验项目	质量标准(允许偏差)	检查记录及结论或检测合格率 (检测记录或备查资料名称、编号)
B	1	局部欠挖	深度小于0.3m，面积小于5.0m²	无欠挖
	2	开挖横断面每边最大允许超宽值、最大允许超深值	超宽≤150cm、超深≤60cm 不应危及堤防、护坡及岸边建筑物的安全	检测点数50点，超宽30~55cm，超深25~75cm，合格率94.0%，不合格点不集中分布，且不影响堤防、护坡及岸边建筑物的安全
	3	开挖轴线位置	偏离±100cm	开挖轴线偏离-105~+110cm，共检验点数50点，合格率92.0%，不合格点不集中分布
	4	弃土位置	弃土排入排泥场	弃土排入排泥场
施工单位自评意见			A 逐项检测点合格率 100%，B 逐项检测点的合格率 C%，且不合格点不集中分布，单元工程质量等级评定为：D	
监理单位复核意见			/	

事件4：排泥场围堰分部工程施工完成后，其质量经施工单位自评、监理单位复核后，施工单位报本工程质量监督机构进行了备案。

事件5：本工程建设项目于2021年12月底按期完工。2023年5月，竣工验收主持单位对本工程进行了竣工验收。竣工验收前，质量监督机构按规定提交了工程质量监督报告，该报告确定本工程质量等级为优良。

问题：

1. 指出事件1中的不妥之处；说明主体工程开工的报告程序和时间要求。
2. 根据《堤防工程施工规范》SL 260—2014，指出并改正事件2图4中坑塘部位在清基、削坡、分层填筑方面的不妥之处。
3. 根据《水利水电工程单元工程施工质量验收评定标准—堤防工程》SL 634—2012，指出事件3表2中A、B、C、D所代表的名称或数据。
4. 根据《水利水电工程施工质量检验与评定规程》SL 176—2007，改正事件4中的不妥之处。
5. 根据《水利水电建设工程验收规程》SL 223—2008，事件5中竣工验收时间是否符合规定？说明理由。根据《水利水电工程施工质量检验与评定规程》SL 176—2007，指出并改正事件5中质量监督机构工作的不妥之处。

(五)

背景资料:

某新建中型拦河闸工程,施工期由上、下游填筑的土石围堰挡水,其中上游围堰断面示意图如图5所示。闸室底板与消力池底板之间设铜片止水,止水布置示意图如图6所示。

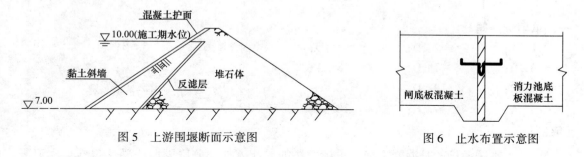

图5 上游围堰断面示意图　　　　图6 止水布置示意图

工程施工过程中发生如下事件:

事件1:施工单位依据《水利水电工程施工组织设计规范》SL 303—2017,采用简化毕肖普法,对围堰边坡稳定进行计算,其中上游围堰背水侧边坡稳定安全系数计算结果为1.25。

事件2:施工单位根据《水利水电工程施工安全管理导则》SL 721—2015,编制围堰专项施工方案,并组织有关专业技术人员进行审核。

事件3:闸墩混凝土拆模后,施工单位对混凝土外观质量进行检查,发现闸墩底部存在多条竖向裂缝。

问题:

1. 根据图5,计算上游围堰最低顶高程(波浪爬高按0.5m计);指出黏土斜墙布置的不妥之处,并说明理由。

2. 事件1中,上游围堰背水侧边坡稳定安全系数计算结果是否满足规范要求?规范要求的边坡稳定安全系数最小值应为多少?

3. 围堰专项施工方案经施工单位有关专业技术人员审核后,还需要履行哪些报审程序方可组织实施?

4. 图6止水缝部位混凝土浇筑时,应注意哪些事项?

5. 事件3中,施工单位除检查混凝土裂缝外,还需要检查哪些常见的混凝土外观质量问题?

考前冲刺试卷（三）参考答案及解析

一、单项选择题

1. A；	2. D；	3. D；	4. A；	5. B；
6. B；	7. D；	8. A；	9. B；	10. C；
11. B；	12. D；	13. C；	14. B；	15. C；
16. A；	17. C；	18. A；	19. A；	20. C。

【解析】

1. A。本题考核的是混凝土坝分段围堰法的导流方式。分段围堰法导流包括束窄河床导流和通过已建或在建的建筑物导流。通过建筑物导流的主要方式，包括设置在混凝土坝体中的底孔导流、混凝土坝体上预留缺口导流、梳齿孔导流，平原河道上低水头河床式径流电站可采用厂房导流等。

2. D。本题考核的是疏浚工程的断面质量控制标准。应以横断面为主进行检验测量，必要时可进行纵断面测量，故选项 A 错误。断面中心线偏移不得大于 1.0m，故选项 B 错误。横向浅埂长度小于设计底宽的 5%，且不大于 2m。纵向浅埂长度小于 2.5m，故选项 C 错误。

3. D。本题考核的是钢筋的调直和清除污锈的技术要求。如用冷拉方法调直钢筋，则其调直冷拉率不得大于 1%，故选项 A 错误。钢筋应平直，无局部弯折，钢筋中心线同直线的偏差不应超过其全长的 1%。成盘的钢筋或弯曲的钢筋均应调直后，才允许使用，故选项 B 错误。钢筋在调直机上调直后，其表面伤痕不得使钢筋截面面积减少 5% 以上，故选项 C 错误。

4. A。本题考核的是混凝土保护层厚度的要求。钢筋的混凝土保护层厚度是指，从混凝土表面到钢筋（包括纵向钢筋、箍筋和分布钢筋）公称直径外边缘之间的最小距离；对后张法预应力筋，为套管或孔道外边缘到混凝土表面的距离。

5. B。本题考核的是土石围堰填筑材料。土石围堰填筑材料应符合下列要求：（1）均质土围堰填筑材料渗透系数不宜大于 1×10^{-4}cm/s；防渗体土料渗透系数不宜大于 1×10^{-5}cm/s。（2）心墙或斜墙土石围堰堰壳填筑料渗透系数宜大于 1×10^{-3}cm/s，可采用天然砂卵石或石渣。（3）围堰堆石体水下部分不宜采用软化系数值大于 0.7 的石料。（4）反滤料和过渡层料宜优先选用满足级配要求的天然砂砾石料。

6. B。本题考核的是水利建设市场主体信用信息管理。不良行为记录信息根据不良行为的性质及社会危害程度分为：一般不良、较重不良和严重不良行为记录信息。其中：

一般不良行为记录信息，是指水利建设市场主体被相关部门和单位作出的责任追究，主要包括责令整改、约谈、停工整改、通报批评和建议解除合同。

较重不良行为记录信息，是指水利建设市场主体发生了对人民群众身体健康、生命安全和工程质量危害较大、对市场公平竞争秩序和社会正常秩序破坏较大、拒不履行法定义务，对司法机关、行政机关公信力影响较大的不良行为，被相关单位和部门作出的行政处罚，主要包括警告、罚款、没收违法所得、没收非法财物。

严重不良行为记录信息,是指水利建设市场主体发生了严重危害人民群众身体健康、生命安全和工程质量、严重破坏市场公平竞争秩序和社会正常秩序、拒不履行法定义务、严重影响司法机关、行政机关公信力的不良行为,被相关单位和部门作出的行政处罚和司法判决,其中行政处罚主要包括责令停产停业(含停业整顿)、暂扣许可证或执照、吊销许可证、执照或者资质证书(含降低资质等级)。

7. D。本题考核的是水库蓄水的安全鉴定单位。蓄水安全鉴定,由项目法人负责组织实施,项目法人应负责组织参建单位准备有关资料,并提供建设管理工作报告,设计、监理、土建施工、设备制造与安装、安全监测等单位应分别提供自检报告及相关资料,第三方检测单位应提供检测报告。

8. A。本题考核的是开挖工程测量方法选择。用视距法测定,其视距长度不应大于50m。预裂爆破放样,不宜采用视距法。

9. B。本题考核的是水利工程等别划分。中型规模水库总库容$<1.0×10^8m^3$,$≥0.10×10^8m^3$。$5×10^6m^3=0.05×10^8m^3$,属于小(1)型规模,故选项 A 错误。$5×10^8m^3$ 属于大(2)型规模,故选项 C 错误。$5×10^5m^3=0.005×10^8m^3$,属于小(2)型规模,故选项 D 错误。

10. C。本题考核的是启闭机型号的表示方法。螺杆式启闭机型号的表示方法如图7所示。

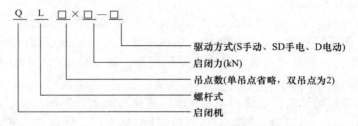

图7 螺杆式启闭机型号的表示方法

11. B。本题考核的是水利建设项目稽察的基本内容。问题性质可参考以下原则认定:(1)根据问题可能产生的影响程度、潜在风险等认定。可能对主体工程的质量、安全、进度或投资规模等产生较大影响的问题认定为"严重",产生较小影响的认定为"较重"或"一般"。(2)根据工程等别和建筑物级别等认定。属于大中型工程(Ⅰ、Ⅱ、Ⅲ)的认定为"严重"或"较重",属于小型工程(Ⅳ、Ⅴ)的认定为"较重"或"一般"。(3)结合问题发生所处的工程部位认定。发生在关键部位及重要隐蔽工程的认定为"严重"或"较重",发生在一般部位的认定为"较重"或"一般"。(4)根据工作深度认定。如某项管理制度未建立、未编制等认定为"较重",制度不健全、内容不完整、缺少针对性等认定为"一般"。

12. D。本题考核的是爆破工程的信号。预告信号:间断鸣三次长声,即鸣30s、停、鸣30s、停、鸣30s;此时现场停止作业,人员迅速撤离。

13. C。本题考核的是水库特征库容。兴利库容(有效库容、调节库容)指正常蓄水位至死水位之间的水库容积。用以调节径流,按兴利要求提供水库的供水量或水电站的流量。

14. B。本题考核的是水利安全生产风险管控。水利生产经营单位要研判确定危险源的风险等级,重大风险、较大风险、一般风险分别采用红、橙、黄色标示。

15. C。本题考核的是水利工程建设项目的质量监督方式。根据《水利工程质量监督规定》，水利工程建设项目质量监督方式以抽查为主。

16. A。本题考核的是水利工程建设项目竣工图编制要求。使用施工图编制竣工图的要求：（1）用施工图编制竣工图的，应使用新图纸，白图或蓝图均可，但不得使用复印的白图和拼接图编制竣工图。（2）按施工图施工没有变更的、由竣工图编制单位在施工图上逐张加盖并签署竣工图章。竣工图编制单位是施工单位。

17. C。本题考核的是施工单位的安全责任。施工单位或施工总承包单位应当自行完成主体工程的施工，除可依法对劳务作业进行劳务分包外，不得对主体工程进行其他形式的施工分包；禁止任何形式的转包和违法分包，故选项 B 错误。审查和验证分包单位的资质文件和拟签订的分包合同、人员资质、安全协议，属于监理单位的安全责任，故选项 A 错误。电力建设工程所在区域存在自然灾害或电力建设活动可能引发地质灾害风险时，应当制定相应专项安全技术措施，属于勘察设计单位的安全责任，故选项 D 错误。

18. A。本题考核的是工程变更范围。在履行合同中发生以下情形之一，应进行变更：（1）取消合同中任何一项工作，但被取消的工作不能转由发包人或其他人实施。（2）改变合同中任何一项工作的质量或其他特性。（3）改变合同工程的基线、标高、位置或尺寸。（4）改变合同中任何一项工作的施工时间或改变已批准的施工工艺或顺序。（5）为完成工程需要追加的额外工作。（6）增加或减少专用合同条款中约定的关键项目工程量超过其工程总量的一定数量百分比。

19. A。本题考核的是施工质量检查与工程验收。单元工程的检查验收，施工单位应按"三级检查制度"（班组初检、作业队复检、项目部终检）的原则进行自检，在自检合格的基础上，由监理单位进行终检验收。经监理单位同意，施工单位的自检工作分级层次可适当简化。

20. C。本题考核的是水泥的使用范围。水位变化区域的外部混凝土、溢流面受水流冲刷部位的混凝土，应优先选用硅酸盐水泥、普通硅酸盐水泥、硅酸盐大坝水泥，避免采用火山灰质硅酸盐水泥。

二、多项选择题

21. A、C、D、E； 22. A、D、E； 23. B、D、E；
24. A、B、D； 25. A、B、D； 26. A、B、C、D；
27. A、B、C； 28. A、B、C； 29. A、B、D；
30. A、B、D、E。

【解析】

21. A、C、D、E。本题考核的是防止渗透变形的工程措施。防止岩（土）产生渗透变形的工程措施可概括为两大类：第一类是改善岩土体的结构特性，提高其抵抗渗透变形的能力，使其由可能产生渗透变形的岩（土）体，变成为不易产生渗透破坏的岩（土）体；第二类是采取措施截断岩（土）体中的渗透水流或减小岩（土）体中渗透水流渗透比降，使其小于允许比降。第二类处理的具体措施包括：（1）设置水平与垂直防渗体，增加渗径的长度，降低渗透坡降或截阻渗流；（2）设置排水沟或减压井，以降低下游渗流口处的渗透压力，并有计划地排除渗水；（3）对有可能发生管涌的地段，应铺设反滤层，拦截可能被渗流带走的细小颗粒；（4）对有可能产生流土的地段，则应增加渗流出口处的盖重，盖重与保护层之间也应铺设反滤层。

22. A、D、E。本题考核的是混凝土坝的施工质量控制要点。选项 B 错误，掺合料：掺合料种类、掺量应通过试验确定，掺量超过 65% 时，应作专门的试验论证。选项 C 错误，水胶比：根据设计提出的混凝土强度、抗渗性、抗冻性、拉伸变形等要求确定，其值宜不大于 0.65。

23. B、D、E。本题考核的是招标人与投标人串通投标的情形。有下列情形之一的，属于招标人与投标人串通投标：(1) 招标人在开标前开启投标文件并将有关信息泄露给其他投标人。(2) 招标人直接或者间接向投标人泄露标底、评标委员会成员等信息。(3) 招标人明示或者暗示投标人压低或者抬高投标报价。(4) 招标人授意投标人撤换、修改投标文件。(5) 招标人明示或者暗示投标人为特定投标人中标提供方便。(6) 招标人与投标人为谋求特定投标人中标而采取的其他串通行为。选项 A 属于投标人相互串通投标的情形；选项 C 视为投标人相互串通投标的情形。

24. A、B、D。本题考核的是水利水电工程施工期间外部变形的监测。滑坡测点宜设在滑动量大、滑动速度快的轴线方向和滑坡前沿区等部位，故选项 C 错误。工作基点必须建立在变形区以外稳固的基岩上，故选项 E 错误。

25. A、B、D。本题考核的是水轮机的分类。反击式水轮机按水流在转轮内运动方向和特征及转轮构造的特点可分为混流式、轴流式、斜流式和贯流式四种。冲击式水轮机按射流冲击转轮的方式不同可分为水斗式、斜击式和双击式三种。

26. A、B、C、D。本题考核的是违法分包的情形。具有下列情形之一的，认定为违法分包：(1) 将工程分包给不具备相应资质或安全生产许可的单位或个人施工的。(2) 施工合同中没有约定，又未经项目法人书面认可，将工程分包给其他单位施工的。(3) 将主要建筑物的主体结构工程分包的。(4) 工程分包单位将其承包的工程中非劳务作业部分再次分包的。(5) 劳务作业分包单位将其承包的劳务作业再分包的；或除计取劳务作业费用外，还计取主要建筑材料款和大中型机械设备费用的。(6) 承包单位未与分包单位签订分包合同，或分包合同不满足承包合同中相关要求的。(7) 法律法规规定的其他违法分包行为。

27. A、B、C。本题考核的是混凝土卸料、平仓、碾压中的质量控制。卸料、铺料厚度要均匀，减少集料分离，使层内混凝土料均匀，以利于充分压实。卸料、平仓、碾压的质量要求与控制措施是：(1) 要避免层间间歇时间太长，防止冷缝发生。(2) 防止集料分离和拌合料过干。(3) 为了减少混凝土分离，卸料落差不应大于 2m，堆料高不大于 1.5m。(4) 入仓混凝土及时摊铺和碾压。相对压实度是评价碾压混凝土压实质量的指标，对于建筑物的外部混凝土相对压实度不得小于 98%，对于内部混凝土相对压实度不得小于 97%。

28. A、B、C。本题考核的是水利工程建设安全生产问题追究。安全生产管理违规行为分为一般安全生产管理违规行为、较重安全生产管理违规行为、严重安全生产管理违规行为。

29. A、B、D。本题考核的是用电负荷的类型。水利水电工程施工现场一类负荷主要有井、洞内的照明、排水、通风和基坑内的排水、汛期的防洪、泄洪设施以及医院的手术室、急诊室、重要的通信站以及其他因停电即可能造成人身伤亡或设备事故引起国家财产严重损失的重要负荷。选项 C 属于二类负荷；选项 E 属于三类负荷。

30. A、B、D、E。本题考核的是工程质量事故。根据《水利工程质量事故处理暂行规定》，工程质量事故可分为：(1) 一般质量事故：对工程造成一定经济损失，经处理后不影响正常使用并不影响使用寿命的事故。(2) 较大质量事故：对工程造成较大经济损失或延误较短工期，经处理后不影响正常使用但对工程使用寿命有一定影响的事故。（3）重大质量事故：对工程造成重大经济损失或较长时间延误工期，经处理后不影响正常使用但对工程使用寿命有较大影响的事故。（4）特大质量事故：对工程造成特大经济损失或长时间延误工期，经处理仍对正常使用和工程使用寿命有较大影响的事故。（5）小于一般质量事故的质量问题称为质量缺陷。

三、实务操作和案例分析题

（一）

1. 一期施工的建设项目为新河道开挖、新堤防填筑；二期施工的建设项目为废弃河道回填。

新河道进口处土埂顶高程复核采用支流河道洪水位，新河道出口处土埂顶高程复核采用主河道洪水位。

当新河道具备通水条件（或一期施工完成）后，才开始截断（或回填）支流河道。

2. 堤防采用的防渗型式为黏土斜墙。

①、②、③、④所代表的构造名称：①—砂砾石堤身；②—反滤层；③—黏土斜墙；④—混凝土脚槽。

3. 公式中 P、K_h、Q_m 所代表的含义：

P—混凝土拌合站（系统）所需小时生产能力。

K_h—小时不均匀系数。

Q_m—高峰月混凝土浇筑强度。

拌合站生产能力：$P = 36 m^3/h$。

拌合站规模为：小型。

4. 事件3中，为降低黏性土料的含水量，除轮换掌子面外，施工单位还可采取的措施包括：料场排水、防雨措施、土料翻晒等。

（二）

1. 图3中A、B、C、D、E分别代表的工作名称分别为：A：闸底板垫层混凝土；B：闸底板混凝土；C：闸墩混凝土；D：门槽二期混凝土；E：闸门安装及调试。

基坑开挖工作的计划开始时间为第一年10月1日，计划完成时间为第一年10月30日；底槛及导轨等埋件安装的计划开始时间为第二年2月16日。计划完成时间为第二年3月5日。

2. 事件1中，除测量基准点外，发包人还应提供基准线和水准点及其相关资料。承包人应在收到上述资料后的28d内，将施测的施工控制网资料提交监理人审批。

3. 截至第一年12月底，累计完成合同工程价款实际比计划拖后15万元；第二年3月底累计完成合同工程价款实际比计划超前10万元。

4. 完工付款申请单的主要内容：完工结算合同总价、发包人已支付承包人的工程价款、应扣留的质量保证金、应支付的完工付款金额。

（三）

1. 工程等别：Ⅲ等；主要建筑物级别：3级；次要建筑物级别：4级。

2. 事件1中的以下条款存在不妥，并列出理由：

第（1）款不妥。招标文件不得把成立分公司作为资格条件。

第（2）款不妥。本工程为中型工程，主要建筑物级别为3级，须由水利水电工程施工总承包二级及以上企业承担。

第（6）款不妥。不能仅以淮海省水利厅公布的信用等级作为资格条件。

投标人异议提出的不妥之处：

在投标截止时间前第7天提出异议不妥（应当在投标截止时间10d前）。

向行政监督部门提出不妥（应当向招标人或招标代理机构提出）。

3. 建筑业企业资质等级分为总承包、专业承包和劳务分包三个序列。

4. 事件2单价分析表中"费用名称"一列中有关内容的不妥之处如下：

"直接工程费"不妥，应为"直接费"。

"现场经费"不妥，应为"其他直接费"。

"施工企业管理费"不妥，应为"间接费"。

增值税"税率3.22%"不妥，按现行规定应为"9%"。

5. 事件2单价分析表中的机械使用费，计算过程如下

$1m^3$ 挖掘机：$1×200=200$ 元/$100m^3$。

59kW 推土机：$0.5×110=55$ 元/$100m^3$。

5t 自卸汽车：$10×100=1000$ 元/$100m^3$。

机械使用费：$200+55+1000=1255$ 元/$100m^3$。

（四）

1. 向主管部门提交开工申请报告不妥。

水利工程具备开工条件后，主体工程方可开工建设，项目法人或者建设单位应自工程开工之日起15个工作日内，将开工情况的书面报告报项目主管部门和上一级主管单位备案。

2. 坑塘部位在清基、削坡、分层填筑方面的不妥之处及改正如下：

不妥之处一：堰基坑塘部位削坡至1:4。

改正：应削至缓于1:5。

不妥之处二：堰基坑塘部位顺坡分层填筑。

改正：应水平分层由低处开始逐层填筑。

3. A：主控项目；B：一般项目；C：92.0%；D：合格。

4. 施工单位自评，监理单位复核后，施工单位报本工程质量监督机构进行备案不妥。分部工程质量，在施工单位自评合格后，报监理单位复核，项目法人认定。分部工程验收的质量结论由项目法人报质量监督机构核备。大型枢纽工程主要建筑物的分部工程验收的质量结论由项目法人报工程质量监督机构核定。

5. 验收时间不符合规定。

理由：根据《水利水电建设工程验收规程》SL 223—2008，河道疏浚工程竣工验收应在该工程建设项目全部完成进行，即在2022年12月底前进行。

事件5中质量监督机构工作的不妥之处：质量监督机构提交的工程质量监督报告确定本工程质量等级为优良。

正确做法：工程质量监督机构在工程竣工验收前提交工程施工质量监督报告，向工程竣工验收委员会提出工程施工质量是否合格的结论。

（五）

1. 上游围堰挡水水位为10.0m，波浪爬高为0.5m。根据《水利水电工程施工组织设计规范》SL 303—2017，该围堰堰顶安全加高下限值为0.5m。

因此该上游围堰顶高程应不低于：10+0.5+0.5＝11.0m。

斜墙的布置的不妥之处：黏土斜墙顶高程的设置。

理由：黏土斜墙顶高程应与围堰顶高程相同。

2. 上游围堰背水侧边坡稳定安全系数计算结果满足规范要求。

规范要求的边坡稳定安全系数最小值应为1.15。

3. 围堰专项施工方案，经施工单位有关技术人员审核合格后，应由施工单位技术负责人签字确认，报监理单位，由项目总监理工程师审核签字，并报项目法人备案后，方可组织实施。

4. 止水缝部位浇筑混凝土时应注意的事项有：

（1）浇筑混凝土时，不得冲撞止水片。

（2）当混凝土将要淹没止水片时，应再次清除其表面污垢。

（3）振捣器不得触及止水片。

（4）嵌固止水片的模板应适当推迟拆模时间。

5. 混凝土外观质量检查，除检查混凝土裂缝外，还应检查是否有蜂窝、麻面、错台、模板走样、露筋等问题。